广东农业技术服务"轻骑兵"实用技术丛书

猪场
疫病检测技术

广东省农业技术推广中心◎组编

U0709549

SPM
南方传媒

广东科技出版社
全国优秀出版社

·广 州·

图书在版编目（CIP）数据

猪场疫病检测技术 / 广东省农业技术推广中心组编.
—广州：广东科技出版社，2023.6
（广东农业技术服务"轻骑兵"实用技术丛书）
ISBN 978-7-5359-8017-5

Ⅰ.①猪… Ⅱ.①广… Ⅲ.①养猪场—猪病—检测
Ⅳ.①S858.28

中国版本图书馆CIP数据核字（2022）第220264号

猪场疫病检测技术
Zhuchang Yibing Jiance Jishu

出　版　人：严奉强
项目策划：区燕宜
责任编辑：区燕宜
封面设计：柳国雄
责任校对：于强强
责任印制：彭海波
出版发行：广东科技出版社
　　　　　（广州市环市东路水荫路11号　邮政编码：510075）
销售热线：020-37607413
https://www.gdstp.com.cn
E-mail：gdkjbw@nfcb.com.cn
经　　销：广东新华发行集团股份有限公司
排　　版：创溢文化
印　　刷：广州市彩源印刷有限公司
　　　　　（广州市黄埔区百合三路8号　邮政编码：510700）
规　　格：889 mm×1 194 mm　1/32　印张3.625　字数85千
版　　次：2023年6月第1版
　　　　　2023年6月第1次印刷
定　　价：29.80元

如发现因印装质量问题影响阅读，请与广东科技出版社印制室
联系调换（电话：020-37607272）。

广东农业技术服务"轻骑兵"实用技术丛书
（畜牧篇）
指导委员会

《猪场疫病检测技术》
编写委员会

主　　编：李雪平　广州悦洋生物技术有限公司

　　　　　蔡晓丽　广州悦洋生物技术有限公司

　　　　　杨润娜　广州国家现代农业产业科技创新中心

副 主 编：曹立辉　广州悦洋生物技术有限公司

　　　　　黄黎珍　华南理工大学

编写人员：张惠霞　广东省农业技术推广中心

　　　　　郭建超　广东省农业技术推广中心

　　　　　许华钊　广东省农业技术推广中心

　　　　　区贤斌　广州悦洋生物技术有限公司

　　　　　彭智毅　广州悦洋生物技术有限公司

　　　　　石远菊　广州悦洋生物技术有限公司

　　　　　苏观志　广州悦洋生物技术有限公司

　　　　　吴育春　广州悦洋生物技术有限公司

　　　　　虞志强　广州悦洋生物技术有限公司

　　　　　张小刚　广州悦洋生物技术有限公司

　　　　　王双姑　广州华医测检测科技有限公司

主编简介

Zhubianjianjie

李雪平，高级兽医师、执业兽医师。长期从事动物疫病的监测服务工作，具有十多年兽医诊断制品工作经验。近年来从事兽医诊断制品研发、质量检测及应用推广等工作。近五年来发表科技论文10余篇。先后获得广东省农业技术推广二等奖2项、湖北省科技进步二等奖1项。曾到韩国生物科学和生物技术研究所、泰国朱拉隆功大学进行学术交流，对猪病毒性腹泻防控、非洲猪瘟检测有深刻见解。

蔡晓丽，广州悦洋生物技术有限公司检验检测中心部（现为广州华医测检测科技有限公司）技术负责人。从事动物疫病检验检测近七年，熟悉免疫学、分子生物学相关的检测技术，负责检测方法的开发、改进及免疫学、分子生物学实验室的管理运作等。熟悉中国计量认证（CMA）、中国合格评定国家认可委员会（CNAS）认证管理体系要求，发表论文3篇。

杨润娜，高级农艺师，长期从事政务信息化一线工作。曾主导完成广东省农业视频会议系统规划建设、广东省农产品安全监测系统规划建设。参与实施"白僵菌高孢粉防治蔗田螟虫的关键技术研究与示范推广"项目，获得广东省农业技术推广奖二等奖（第7完成人）；参与的"两区划定省级工作经费项目（制作两区划定工作底图及上图入库经费）"荣获2020地理信息产业优秀工程银奖。

前 言

Qianyan

　　自2018年8月非洲猪瘟入侵以来，我国养猪产业在重创中转型升级，无论是生产企业，还是家庭农场，都表现出三大特征：重技术、数智化、强生态。因为非洲猪瘟等重大动物疫病防控关乎猪场生死存亡，"重技术"成为当前养猪产业最显著的特征。几乎所有猪场都更新了作业指导以适应非洲猪瘟等重大疫病的防控新要求，如洗消中心、生物安全审计、单元格管理、精准剔除技术等；集团公司建设了兽医检测实验室，家庭猪场配备了检测设备，以期更精准、高效地诊断疫病、监测猪群抗体、掌握免疫状态和评估免疫程序。实验室检测成为猪群健康管理的首要关口，关系着兽医方案的准确性和实效性。

　　实验室建成了，并不代表能发挥真正效用。即便是生产企业，特别是"一司多场"，如果对各个猪场实验室的管理缺乏统一标准和体系支撑，也可能会发生监测不力、样品污染、诊断失误等情况。更不用说中小型猪场，更容易出现不规范运行的情况，一些家庭猪场甚至在采样环节就已经出现错误。

　　影响实验室发挥真正效用的主要因素有：检测人才紧缺、人员水平参差不齐、质量管理松懈、检测技术不足和试剂盒选择不专业、检测数据的解读与生产管理关联不高等，当前猪病流行态势也是一个重要因素。传统疫病仍然存在，新的疫病种类在不断增加，猪病以多重感染或混合感染为主要流行形式，造成猪群的高发病率和高死亡率。在多重感染中，可能既有病毒混合感染，也有细菌混

1

合感染，还有病毒与细菌的混合感染。临床症状相似，容易造成误诊。此外，猪病流行和发生过程也会出现新特点，需对可疑病原进行实验室检测，依结果分而施治、联合用药，才能最终达到控制疫病的目的。因此，正确的实验室诊断是科学防控疫病的重要基础。

持续学习和知识系统化可以最大限度地减少诊断失误和提升实验室效用。提升实验室人员的专业水平，把好关卡，为兽医提供准确、及时的报告，就是对疫病防控最大的帮助。但事实上猪场实验室近两年才开始建设，也并非所有猪场都有专业的实验室人员，相对于专业教材，在实际工作中可能更需要实用、通俗、系统的手册作为参考。

本书编写团队在兽医检测领域沉淀十七载，与国内外多所知名高校、科研机构合作，并扎根一线服务全国猪场，从实践到理论，积累了丰富的经验和素材。

本书以猪场疫病检测技术为主题，整理出适合当前行业态势的新技术，并以通俗易懂的文字搭配相关图片介绍了猪场实验室建设及运行、疫病常见和新型的检测技术、常见猪病诊断技术平台比对及诊断产品选择、检测数据分析、常见问题等关键节点知识，希望既能给专业化公司实验室人员带来系统、前沿的知识点，也能让家庭猪场管理人员较为直观地了解关键节点知识，起到一定的参考作用。

由于行业在快速发展，技术日新月异，加之整理的时间仓促，不妥之处在所难免，敬请读者批评指正。

编　者

2023年3月

目 录 Mulu

第一章　猪场实验室建设及运行要点 / 001

一、实验室选址 / 002

二、实验室布局 / 002

三、实验室室内建设 / 007

四、实验室运行要点 / 008

第二章　疫病检测前的准备 / 011

一、猪群健康检查 / 012

二、病死猪解剖 / 014

三、病料采集及送检 / 023

第三章　猪病常见检测方法 / 031

一、细菌分离及药敏试验 / 032

二、核酸检测 / 039

三、血清学（抗体）检测 / 048

第四章　猪病新型检测方法 / 055

一、数字PCR技术 / 056

二、CRISPR/Cas核酸检测技术 / 059

三、其他分子生物学类诊断技术 / 063

四、其他免疫学类诊断技术 / 067

第五章　常见猪病诊断技术平台比对及诊断产品选择 / 073

一、分子生物学诊断技术平台的优劣势 / 074

二、常见猪病分子生物学诊断产品的选择和比对 / 074

三、猪病免疫学诊断技术平台的优劣势 / 076

四、常见猪病免疫学诊断产品选择和比对 / 077

五、All in One诊断检测系统 / 080

第六章　检测数据分析 / 083

一、PCR的对照种类 / 084

二、ELISA的对照种类 / 086

三、PCR结果解读 / 087

四、ELISA结果解读 / 089

五、PCR污染及解决方案 / 090

参考文献 / 094

附录：中小猪场检测关注的问题与回答 / 097

第一章
猪场实验室建设及运行要点

2018年8月以来，中国多地出现非洲猪瘟疫情，给养猪行业造成了巨大损失，在全行业的共同努力下，非洲猪瘟疫情逐步得到控制。其中离不开养殖场内部实验室精准快速的监控，及时清除带病毒猪。猪场建设配套实验室，有利于猪群健康状况监测及疫病控制。猪场实验室的建设应选择合适的地址、有科学合理的实验室布局，以及确保实验正常开展的硬件及软件。

一、实验室选址

猪场实验室选址要注意以下事项。

①养殖场的检测实验室应建在场区之外。该实验室是服务于周边1个或多个场区，应考虑与周边场区的距离，最好不超过5千米；应方便车辆进出，运送样本；应远离运猪车辆频繁经过的道路。

②宜为独立建筑物。与其他区域共用建筑物的，应自成一区，设在建筑物一端或一侧。

③与建筑物其他部分相通时，应设可自动关闭的门，防止外部干扰。

④排污排水便利，便于集中收集和处理。

⑤实验室入口处应有明显的生物安全标识。

二、实验室布局

如何规划设计一个合格的实验室，把影响检测结果的因素降低到最少，以保证结果的准确性，关系到猪群的健康状况及猪场的经济效益。实验室布局没有千篇一律的标准，应结合实际情况，科学合理、因地制宜，根据所使用的检测方法，确定实验室布局。如果同时需要病原学检测和血清学检测，两个区域应不互相干扰。

1. 标本的接受处理

标本的外层包装通常会有猪场病原微生物残留，最好设置专门的样本接收处理区，在此区域内进行外表面消毒拆包。如果实验室每天需要处理的样本量大，抗原、抗体需要同时检测，而且实验室经费充足，建议在样本接收区放置一台生物安全柜，再添置小型离心机和加样器等，用于样本的分装。分装后样本可以供抗体和抗原同时检测，并且可以减少样本间的交叉污染。

2. 分子生物学实验室布局

病原分子生物学实验室布局，如果需要提取核酸，至少将其隔成3间，包括样品处理室（含核酸提取）、试剂准备室（含体系配制）和扩增室，涉及普通PCR（聚合酶链式反应）还需设置产物分析间。如不需提取核酸，至少将其隔成2间，包括试剂准备室（含体系配制）和扩增室。如果试剂为预分装试剂盒，则不需要试剂准备室。

（1）较为理想的分子生物学实验室布局

参照目前新型冠状病毒检测实验室和国内正规大型的第三方检测室的实验室布局，图1-1中A～C是主要的基本布局。主要特点是各区有独立的缓冲间，有PCR专用走廊，有专用的空调控制系统控制气流的流向，各区设置压力差时（图中未展示）使得气流的流向为从试剂准备区到产物分析区。

当在缓冲间顶上安装排风装置时，可通过通风管道通向大气，运行时，缓冲间可为负压状态（图1-1A）。一旦有实验区外的风进入，其在缓冲间内即被抽走，从而实验室外的空气不会大量进入实验区域内。如为进风装置，则由通风管道进行送风，运行时，缓冲间可为正压状态（图1-1B），干净的风从缓冲间进入，在各区扩散，同时在压力的作用下，下流的风不会往回流动。从防污染的角度看，图1-1B优于图1-1A。图1-1C与图1-1B的差别在于，C中的试剂准备区的气流是吹向缓冲间的，这个可以通过调节试剂准备区的进风量来调控。此类实验室布局占地面积60～70米²，建设费用20万～30万元，加上空调控制系统费用约6万元，总计26万～36万元。

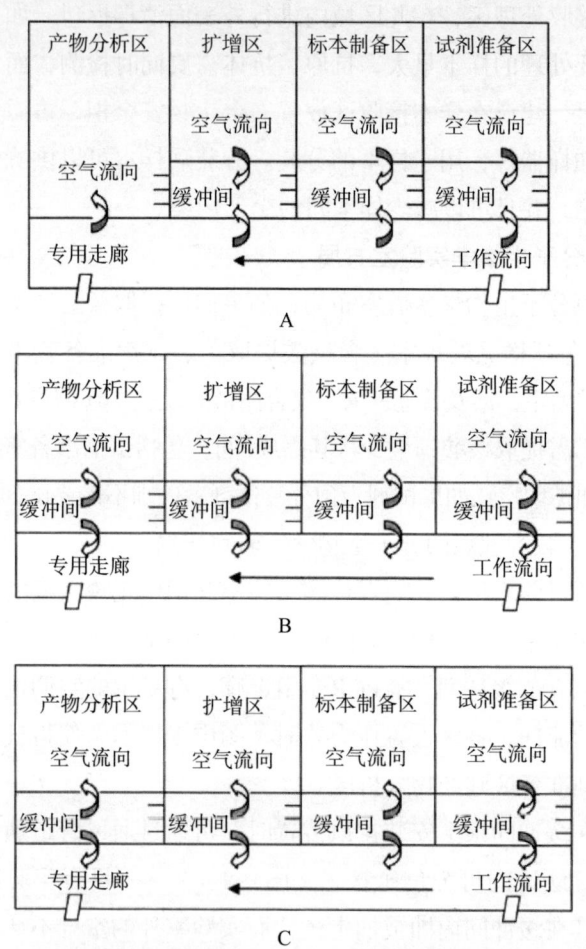

图1-1　较为理想的分子生物学实验室布局

（2）基本满足要求的分子生物学实验室布局

倘若实验室经费有限或场地不能满足设置缓冲间，也可以按照从试剂准备区→标本制备区→扩增及产物分析区方向以空气压力递减的方式布局，最简单的做法可以在试剂准备区不安装负压排风装置，在标本制备区安装负压排风装置或一个排风扇，在扩增及产物分析区安装功率强于标本制备区的负压排风装置或2个排风扇（图1-2）。此类实验室基本是利用现有房间改造而成的，建设面积约50米^2，所需投入费用不大，一般预算在5万～10万元。

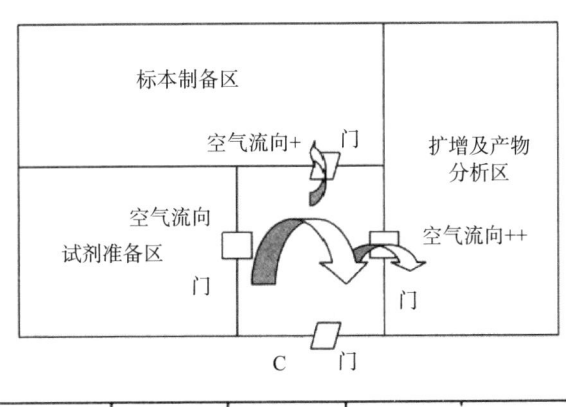

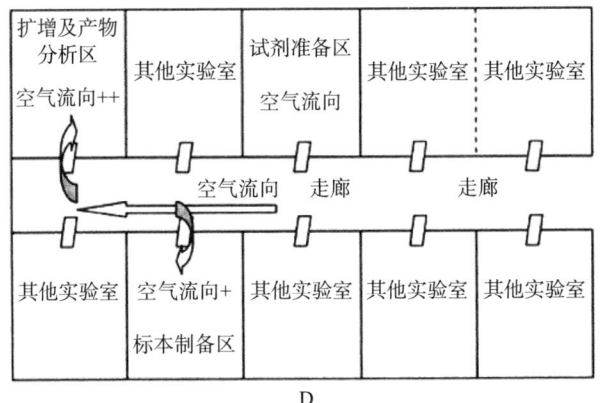

图1-2　基本满足要求的分子生物学实验室布局

　　总的来说，分子生物学实验室的设计要满足各区独立、风向适合、因地制宜、方便工作等条件（图1-3）。每个区域的设备要专区专用，试剂准备间用于储存和分装试剂盒，一般需要移液器、离

心机、冰箱。有条件的可以再配置超净工作台或生物安全柜。样本制备间一般涉及样本的提取、核酸加样，需要配置微量移液器、冰箱、离心机（适合2毫升离心管，转速可达12 000转/分）、微型离心机（用于PCR管离心）、温度加热仪、组织匀浆机、外排式生物安全柜、核酸提取仪（选配）。PCR扩增区主要用于PCR的扩增，只需配置PCR仪器即可。涉及普通PCR的产物分析，则需要配制微波炉、电泳仪、凝胶成像系统。从试剂准备区到产物扩增区各类设备的预算10万～30万元，涉及产物分析需再增加费用预算约5万元。

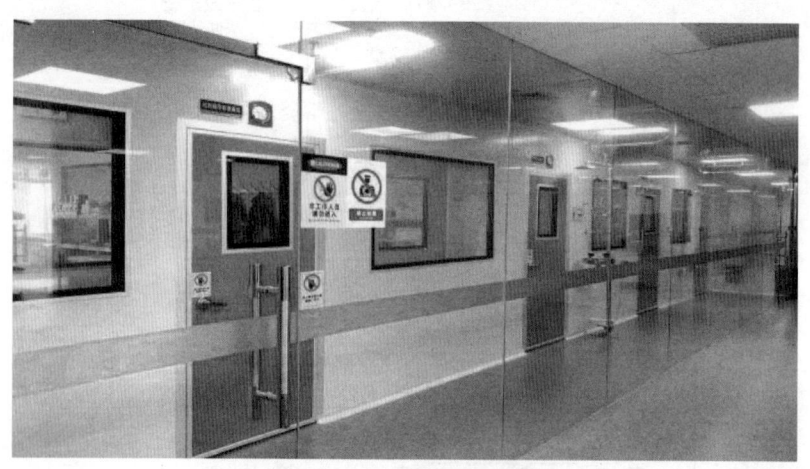

图1-3　分子生物学实验室

3. 血清学实验室布局

血清学实验室布局相对简单（图1-4），可选择一个单独区域，设置实验操作台，配置冰箱、培养箱、离心机（适合2毫升离心管，转速可达3 000转/分）、酶标仪、洗板机、高压灭菌器、微量振荡器、微量移液器等（图1-5）。针对血清学抗体检测洗涤这一步骤，市面上已有一些简易的洗涤装置，使用效果与洗板机相当。该区域占地面积最小，约需8米^2，简单装修即可，费用预算2万～5万元。另外仪器设备的预算约5万元。

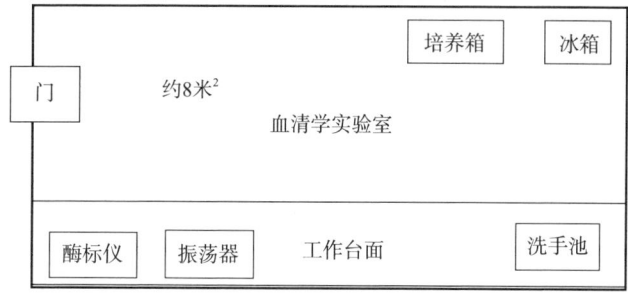

图1-4 血清学实验室布局

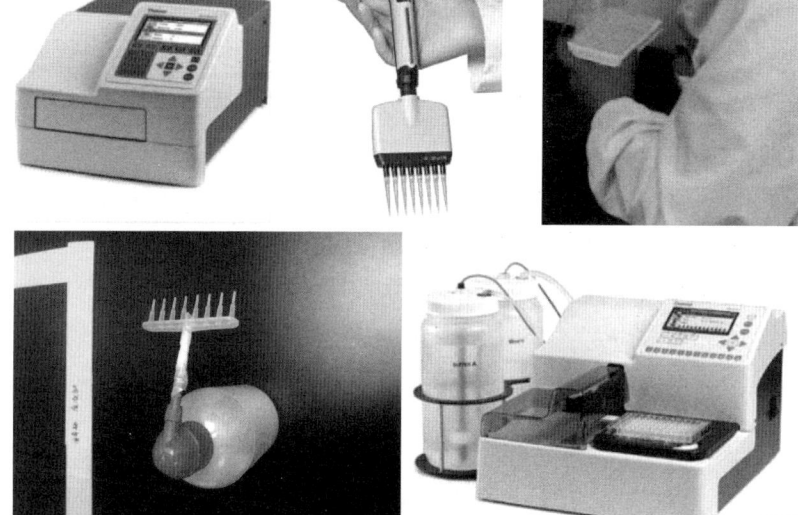

图1-5 常见血清学实验仪器设备

三、实验室室内建设

猪场实验室室内建设要注意以下事项。

①室内高度净高一般不应低于2.6米。

②实验室门口处设挂衣装置，个人服装与实验室工作服应分开放置。

③样品处理室、扩增室应设洗手池，在靠近出口处，宜安装感应水龙头和干手器。

④地面应采用无缝的防滑、耐腐蚀材料铺设，易于清洁消毒。

⑤踢脚板应与墙面齐平，并与地面为一整体。

⑥墙面、顶棚的材料应光滑防水、易于清洗消毒、耐消毒剂的侵蚀、耐擦洗、不起尘、不开裂。

⑦排出的污水应收集处理。

⑧围护结构表面的所有缝隙应密封。

⑨如果有可开启的窗户，应设置可防蚊虫的纱窗。

⑩实验台应牢固，高低大小适合工作需要且便于操作和清洁。台面应防水、耐腐蚀、耐热。

⑪实验室应有足够的空间和台柜等摆放实验室设备和物品。

⑫应根据工作性质和流程合理摆放实验室设备、台柜、物品等，避免相互干扰、交叉污染，并应不妨碍逃生和急救。

⑬实验室应安装空调设备，能够控制温度、湿度。

⑭实验室内应保证适当亮度的工作照明，避免反光和强光。

四、实验室运行要点

1. 人员要求

人员是做好检测工作的灵魂、正确结果输出的保障，同时也是错误结果输出的来源。合格的检测人员具备熟练的操作技巧和扎实的理论基础，有耐心和责任心。企业应有专职的检测技术人员。检测人员应具有兽医、生物或者相关专业的学历背景；实验室人员应具备良好的职业操守、责任意识和生物安全防范意识，能够严格遵守实验室各项规章制度；人员上岗前应有针对地进行培训，考核合格后上岗；企业应定期组织检测人员参加外部机构组织的相关技术培训。

2. 设备要求

检测过程中用到的各种设备，企业应从正规厂家采购。企业内部应根据设备说明书制定清晰明了、可操作的标准操作规程（SOP），使每个使用人的操作过程有据可依。仪器设备应按SOP进行使用、维护、清洁。当仪器使用年限较长，可将仪器送至相关机构校准来掌握仪器是否处于正常状态。

检测过程中使用的试剂或试剂盒，应选择正规厂家生产的，并从具有相应生产资质（特指有兽医诊断制品认证资质）的公司购买。可以同时把几家公司作为候选者，采用内部的已知背景的强阳性、中阳性、弱阳性、阴性样本来对几家试剂盒进行比较。筛选出稳定性好、敏感性高、特异性强的试剂盒。

3. 环境要求

实验室应有适合人员工作、机器工作的温度、湿度。温度一般保持在18～26℃，湿度控制在30%～65%。

保障实验室的正常运行，要控制好病原微生物污染和核酸分子污染。病原微生物污染主要来自猪场送样人员、车辆和猪场样本。理想的情况是猪场人员与实验室人员为两班人马，猪场人员将样本送至指定窗口，不进入实验室区域。如果达不到以上条件，猪场人员在进入实验室区域应更换工作服、工作鞋。样本接收人员在接收样本时应注意生物安全，按照规范操作。处理样本时应在生物安全柜内操作，处理后及时消毒清洁。

实验室发生的污染大部分来源于核酸污染。实验室应严格分区，各区移动物品务必专用；PCR分子实验室保证单一的工作流向；及时对工作台面进行消毒处理；妥善处理PCR扩增产物，这样

才能较大程度降低实验室的污染概率。

4. 样品要求

动物受不同病原微生物感染，体内病变的器官或组织是不同的，应根据具体检测项目采样，如果怀疑是猪流行性腹泻病毒感染，可以采集粪便或肠道内容物；怀疑是非洲猪瘟感染，可以采集唾液拭子或鼻拭子；另外样品的质量和数量应满足检测的要求。用于抗体检测的样本往往采用酶联免疫吸附测定（ELISA）方法，不应有严重溶血、微生物污染、添加防腐剂等情况。用于PCR检测的样本，不应用含肝素的真空采血管采集。样品的运输、处置和保存应符合要求。

5. 检测方法的选择

目前，关于猪病检测国家和农业农村部发布了很多相关标准，检测时应优先采用标准里规定的方法。这些方法都是权威部门经过大量实验确认的，特异性和灵敏度较高的方法，也是目前主流的检测方法。

6. 制度建设

实验室应建立实验室人员管理、生物安全管理、仪器设备管理、试剂管理、档案管理、样品采集及保存、检测操作规程、检测记录、卫生清洁、防止核酸污染、废弃物及污染物处理等制度。

总的来说，检测工作是一个系统工程，实验室要输出正确的检测结果，需要做好人员、设备、样品、检测方法和检测环境五大方面的工作。其中人员、设备和检测环境是中小型养殖场实验室应当重点把控的环节。人员是所有结果输出的来源，实验室的硬件和软件的维护需要靠人员发挥主观能动性。设备包括使用到的仪器设备，也包括检测用到的试剂盒，应选择正规、有资质的厂家生产的，同时做好环境的清洁消毒工作。

第二章
疫病检测前的准备

猪病是制约猪场发展和蚕食猪场利润的重要因素。近年来，随着养猪业集约化、规模化发展，生猪及其产品流通渠道增多，导致猪病也在不断地更新。猪病的传染源、传播途径极其复杂，多为几种疾病交叉混合感染，有病毒与细菌、病毒与寄生虫、细菌与寄生虫，以及多种病原和多因素引起的疾病综合征，给猪病的精准诊断和防治带来极大的困难。猪病防治意识薄弱和管理水平偏低的猪场，如果猪病发生时未能及时察觉，对病猪不能及时进行科学有效的诊断和治疗，往往会造成疾病在猪场内大面积扩散传播，影响猪的健康生长和饲料转化率，情况严重者甚至出现猪群的大比例死亡，造成巨大的经济损失。因此，养殖户要想减少猪病造成的经济损失，需要对猪病采取早发现、早诊断、早治疗的"三早"处理原则，包括对病死猪进行详细的临床观察，及时解剖病死猪以诊断病变，科学采集病料送至实验室检测确诊，以便及时采取有效的防治措施，将影响和损失降至最低。

一、猪群健康检查

1. 群体健康检查

密切关注猪场周边疾病发生情况，本场猪群既往病史，本场猪群生产指标（母猪配种分娩率、产健仔数、无效仔率；肉猪日增重、死淘率、料肉比等）变化情况，饲养管理变化及免疫接种等情况，并结合猪的年龄、性别、生理阶段，以及季节、温度、空气等情况，有重点、有目的、认真细致地检查。进行群体健康检查时，主要是"三看"：即巡栏时看猪的精神状态，是否有精神；喂料时看猪的食欲，是短时间快速吃完料还是完全不吃料或是吃不完有剩料；清扫粪便时观察猪是否有便秘，粪便颜色是否正常，这样可以及时发现猪群的异常情况。群体健康检查时健康猪和病猪主要行为表现如表2-1。

表2-1　群体健康检查时健康猪和病猪行为表现

猪群状态	健康猪行为表现	病猪行为表现
休息时	多侧卧，四肢伸开，呼吸均匀，被毛整齐有光泽，无眼屎、泪斑，体温正常，直肠温度多为38～39.5℃	多精神沉郁，常有发热，体温多为40℃或以上，常有眼屎，鼻端干燥，被毛粗乱无光泽，有的呼吸困难、促迫，咳嗽，有的单独站立，有的呈犬坐姿势
走动时	多精神活泼，行动灵活，步样平稳，摇头摆尾轻松地随猪群前进，起卧或行动中常排粪尿，粪软尿清，排泄姿势正常	多精神沉郁，不愿起立，行动迟缓，步样僵直，弓腰弯背，喘气、咳嗽，粪便干燥或水样，尿发黄而黏稠
吃料喝水时	喂料时猪只饥饿叫唤，大口吞食，发出有节奏、清脆的吱嘎声，两耳摆动，尾巴自由甩动，短时间内即吃饱喝足，离槽自由活动	多反应迟钝懒上槽，有的猪只用鼻子嗅而不吃，有的猪上槽吃几口就退槽，有的猪只吃少量饲料，有的猪睡在食槽中不吃

养殖户要对病猪和亚健康猪只高度敏感，切不可麻痹大意而错过疾病最佳的诊疗和防治时机。

2. 个体健康检查

从群体健康检查中发现的病猪或疑似病猪，要逐头进行全面的检查。个体健康检查一般按先整体后局部，再按由头到尾的顺序进行检查，避免有遗漏或观察不全面，影响诊断。

（1）整体检查

整体先看精神状态，是否有发热；吃料喝水及排泄活动是否正常；营养状况是否良好，是否有消瘦，有无弓背；毛色是否异常，皮肤是否有出血点，皮肤颜色是否正常；运动行为是否正常。

（2）局部检查

局部观察眼睛是否有眼睑粘连、有眼屎泪斑；耳朵是否发绀，耳下皮肤是否有出血点，耳朵内是否有结痂；鼻子是否干燥或流鼻涕，注意听取其病理性声音，如喘息、咳嗽、喷嚏、呻吟等，尤应注意其喘息的特点及咳嗽的特性；后驱是否脱肛，粪便颜色是否异常；

尿道是否有结晶，尿液颜色是否异常；四肢有无外伤，是否肿胀跛行，关节是否肿大。临床上观察到的症状可能涉及的猪病如表2-2。

表2-2　临床上观察到的症状可能涉及的猪病

症状类别	临床症状	可能涉及的猪病
呼吸道症状	咳嗽、喘气、打喷嚏、流鼻涕	非洲猪瘟、蓝耳病、猪伪狂犬病、猪流感、猪支原体肺炎、猪传染性萎缩性鼻炎、猪肺疫、猪传染性胸膜肺炎、副猪嗜血杆菌病等
消化道症状	呕吐、腹泻	猪轮状病毒病、猪大肠杆菌病、猪传染性胃肠炎、猪流行性腹泻、猪魏氏梭菌病、猪痢疾、猪沙门氏菌病等
神经症状	抽搐、发抖、转圈、划水样	猪伪狂犬病、猪流行性乙型脑炎、猪破伤风、猪水肿病、猪链球菌病、猪李氏杆菌病等
繁殖障碍	流产、死胎、木乃伊、死精	非洲猪瘟、蓝耳病、猪伪狂犬病、猪流行性乙型脑炎、猪细小病毒病、猪布氏杆菌病、猪弓形体病、猪衣原体病等
眼部症状	眼屎、泪斑、结膜充血、眼睑水肿	非洲猪瘟、猪瘟、猪流感、猪传染性萎缩性鼻炎、猪水肿病等
皮肤症状	发绀、出血点、红斑、水疱、贫血、苍白	非洲猪瘟、猪瘟、猪圆环病毒病、猪丹毒、猪口蹄疫、猪附红细胞体病、猪链球菌病、猪沙门氏菌病、猪肺疫、猪葡萄球菌病等
肢蹄症状	脚痛、跛行、瘫痪	猪口蹄疫、猪链球菌病、副猪嗜血杆菌病等

二、病死猪解剖

外观病变比较典型的疾病，例如口蹄疫病毒的感染，通过临床症状可做出初步诊断。但在实际生产中，猪病往往为混合感染受多种因素影响，临床症状不明显、不典型，特别是出现群发性或流行性猪病时，需要尽快确诊，此时有必要对病死猪进行解剖，观察各组织器官病变情况、严重程度等，初步诊断疾病的发展阶段，为疾病防控争取先机，减少生产损失。

1. 解剖猪只选择

为减少诊断误差，便于发现共有病变特征，一般发病活猪和死亡猪各选择1~2头解剖。对于发病活猪，最好选择临床症状表现强烈，发病特征明显、典型的猪解剖。对于死亡猪，越早解剖越好，因为尸体会发生一系列的变化，比如血液凝固、出现尸斑、组织腐败等，需要正确区分哪些是疾病造成的病变，哪些是死后尸体发生的变化，减小误诊概率。

2. 解剖场地选择

解剖场地应选择距离猪舍、道路和水源较远，距离无害化处理点近的地方，最好在解剖台或解剖室进行。

3. 解剖用品准备

解剖工作最好两人协同完成，一人主要负责解剖、诊断病变，另外一人协助解剖，并负责拍照、记录、消毒。解剖人员要做好自身的安全防护，解剖用具要提前煮沸消毒或用消毒液消毒后使用，可按表2-3的清单准备解剖用品。

表2-3　解剖用品准备清单

物资类别	主要用品	用途
防护用品	头套、口罩、手套、工作服、防护服、水鞋、薄膜纸（或彩条布）等	用于人员和场地的防护
解剖用具	手术刀片及刀柄、解剖刀、剪刀、钳子等	用于病猪解剖
消毒物资	环境、用具消毒药（如氢氧化钠、石灰），人员消毒药（如含氯消毒剂），水桶等	用于人员、场地、用具的消毒
采样用品	密封带、冰袋、泡沫箱、胶布等	用于装病料送实验室检测
记录用品	手机、笔、纸等	用于清晰、全面记录解剖情况

4. 解剖顺序

在完成流行病学调查和临床诊断的基础上，为全面而系统地检查尸体内外所呈现的病理变化，避免遗漏，尸体解剖应按照一定的顺序进行，不破坏组织器官的原貌。因尸体有大小之别，疾病种类各不相同，解剖的目的也有差异，因此，解剖顺序也应灵活处理，可参考图2-1。

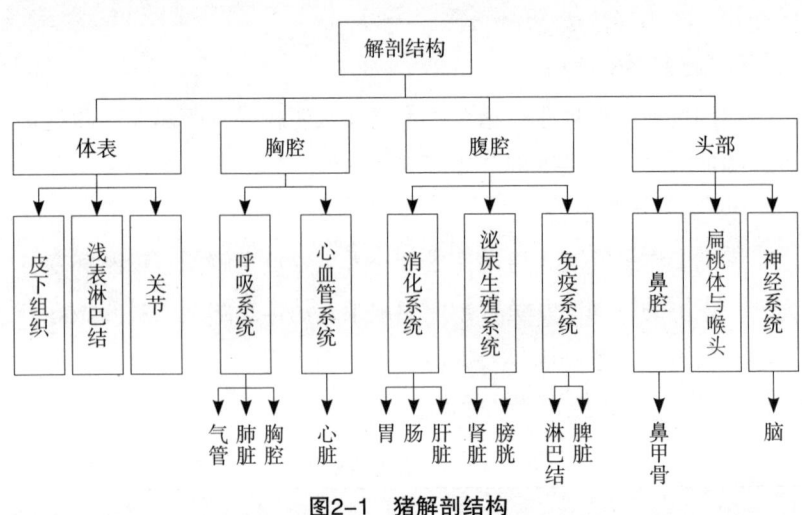

图2-1　猪解剖结构

注：一般解剖顺序为新鲜猪尸体→外表检查→剖开胸腔→剖开腹腔→胸腔脏器摘出和检查→腹腔脏器摘出和检查→口腔和颈部脏器摘出和检查→剖开颅腔并摘出大脑检查→肌肉、关节和淋巴结的检查。

5. 解剖方法

（1）体表检查

在解剖开始前，先检查猪的外观，如毛色、肤色、皮肤是否有出血点，浅表淋巴结是否肿胀，四肢是否异常等。

（2）固定尸位

一般先切断肩胛骨内侧和髋关节周围的肌肉，将四肢向外侧摊开，以保持尸体仰卧位置。

（3）剖开胸腔

切断两侧肋软骨与肋骨连接部，再把刀伸入胸腔划断脊柱左右两侧肋骨与胸椎连接部肌肉，按压两侧胸壁肋骨，折断肋骨与胸椎的连接，即可敞开胸腔。

（4）剖开腹腔

从剑状软骨后方沿腹壁正中线由前向后至耻骨联合切开腹壁，再从剑状软骨沿左右两侧肋骨后缘切开至腰椎横突，按压腹壁向两侧分开，即可敞开腹腔。

（5）剖开颅腔

在两眼眶之间横劈额骨，然后再将两侧颜骨及枕骨髁劈开，即可掀掉颅顶骨，暴露颅腔。

猪只解剖方法一般按以上顺序进行，猪只解剖全图如图2-2。

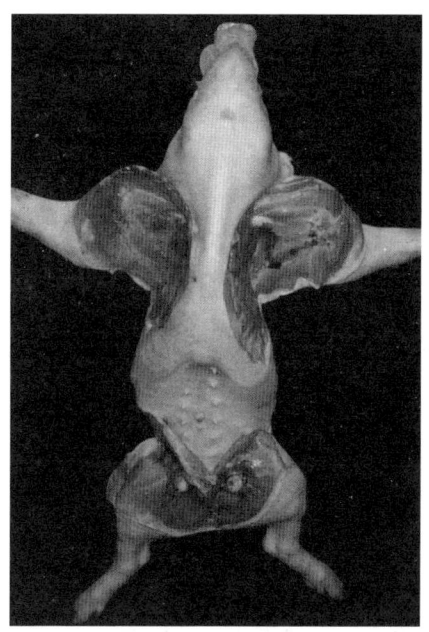

图2-2　猪只解剖

6. 组织脏器检查方法

（1）胸腔组织脏器检查

①胸腔：观察有无液体渗出，渗出液体量、清澈度、色泽、气味，有无脏器粘连等病变。

②肺脏：观察其大小、色泽、质地（坚硬、柔软、脆弱），有无炎症、病灶。纵横切割肺脏数刀，观察切面有无病变，切面流出物色泽变化等。

③心脏：观察其外形、大小、色泽、质地，有无出血、瘢痕、变性和坏死等病变。

（2）腹腔组织脏器检查

①肝脏：观察其形态、大小、色泽，有无出血、肿大、结节、坏死等病变。切开肝组织，观察切面的色泽、质地和含血量等情况。

②脾脏：观察其形态、色泽、质地，有无肥厚、梗死、肿大及瘢痕病变。

③肾脏：观察其形态、大小、色泽、质地，有无出血、肿大、斑点等病变。

④胃：先观察其大小、浆膜面的色泽、胃壁有无破裂和穿孔等。检查胃内容物的数量、性状、气味、色泽，有无寄生虫等。检查胃黏膜的色泽，观察有无水肿、充血、溃疡、肥厚等病变。

⑤肠：对小肠（十二指肠、空肠、回肠）和大肠（盲肠、结肠、直肠）分段进行检查，检查肠管浆膜色泽，有无粘连等病变。检查肠内容物的数量、性状、气味，有无出血等。检查肠黏膜的性状，有无肿胀、发炎、充血、出血和其他病变。

（3）淋巴结检查

检查下颌淋巴结、颈浅淋巴结、腹股沟淋巴结等浅表淋巴结，肠系膜淋巴结、肺门淋巴结等内脏器官附属淋巴结，观察其大小、颜色、硬度、与周围组织的关系及横切面的变化。

7. 脏器病变可能感染的疾病

（1）胸腔脏器病变可能感染的猪病

胸腔脏器病变可能感染的猪病见表2-4和图2-3。

表2-4　胸腔脏器病变可能感染的猪病及特征

脏器组织	主要病变部位	常见病变特征	提示可能感染的猪病
胸腔脏器	胸腔	胸腔有纤维素性渗出物	副猪嗜血杆菌病
		胸腔积液	猪弓形体病、猪附红细胞体病
		肋骨两侧出血点	猪瘟、猪链球菌病
	心脏	心包积液，心冠脂肪水肿	猪圆环病毒病
		心包膜粘连、纤维素性炎症、渗出物	猪传染性胸膜肺炎、副猪嗜血杆菌病、猪肺疫
		心冠脂肪出血或心内膜出血	猪瘟、猪肺疫、猪链球菌病
		心肌坏死或苍白	猪口蹄疫
		溃疡性心内膜炎、增生、二尖瓣上有灰白色菜花样赘生物	猪丹毒
	肺脏	出血斑点	猪瘟
		肺分散的肉样变	猪瘟、副猪嗜血杆菌病
		尖叶、心叶、中间叶虾肉样变，放在水中下沉	猪支原体肺炎
		肺脏表面出血水肿、呈大理石样外观	猪肺疫
		肺水肿，出血	猪弓形体病
		纤维素样渗出物、炎症	猪传染性胸膜肺炎、副猪嗜血杆菌病、猪肺疫
		灰褐色炎症、肿胀，弥漫性病变，坚硬似橡皮样	猪圆环病毒病

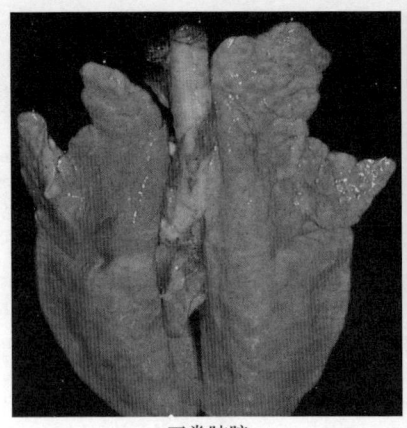 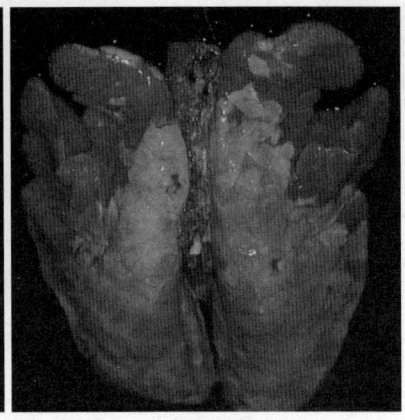

正常肺脏   病变肺脏

图2-3　肺脏病变

（2）腹腔脏器病变可能感染的猪病

腹腔脏器病变可能感染的猪病见表2-5和图2-4。

表2-5　腹腔脏器病变可能感染的猪病及特征

脏器组织	主要病变部位	常见病变特征	提示可能感染的猪病
腹腔脏器	肝脏	胆囊出血	猪瘟
		胆汁变稠	猪附红细胞体病
		坏死灶	猪伪狂犬病、猪沙门氏菌病、猪弓形体病、猪李氏杆菌病
		坏死点	猪伪狂犬病、猪沙门氏菌病
	脾脏	脾边缘有出血性梗死灶	猪瘟、猪链球菌病
		明显肿大	非洲猪瘟、猪链球菌病、猪弓形体病
	肾脏	有针尖样出血点	猪瘟、猪弓形体病
		苍白、变黄、脆	猪圆环病毒病
	胃	黏膜充血、出血、糜烂、坏死和溃疡	非洲猪瘟、猪瘟、猪伪狂犬病、慢性猪丹毒、猪轮状病毒病、猪传染性胃肠炎
		胃大弯有水肿	猪水肿病

脏器组织	主要病变部位	常见病变特征	提示可能感染的猪病
腹腔脏器	肠	小肠黏膜点状出血，盲肠、结肠黏膜溃疡	非洲猪瘟、猪瘟
		卡他性、出血性炎症	猪丹毒、猪痢疾、猪传染性胃肠炎、仔猪黄痢
		肠黏膜表面覆盖糠麸样物质	猪沙门氏菌病
		黏膜下高度水肿	猪水肿病

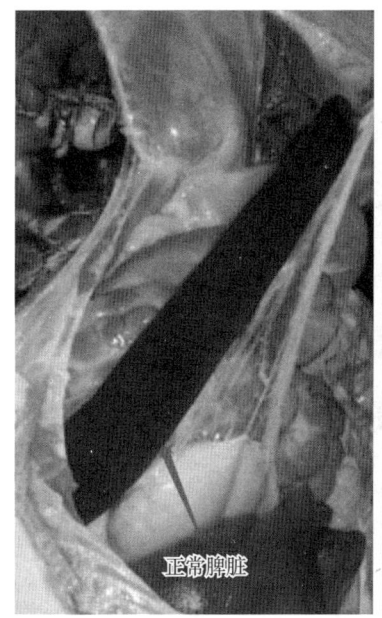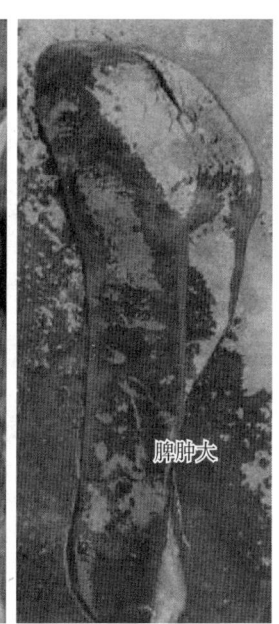

正常脾脏

脾肿大

图2-4 脾脏病变

（3）其他脏器病变可能感染的猪病

其他脏器病变可能感染的猪病见表2-6和图2-5。

猪场疫病检测技术

表2-6　其他脏器病变可能感染的猪病及特征

脏器组织	主要病变部位	常见病变特征	提示可能感染的猪病
其他脏器组织	淋巴结	出血、充血、肿大	非洲猪瘟、猪丹毒、猪链球菌病、猪肺疫
		颌下淋巴结肿大、出血性坏死	猪炭疽、猪链球菌病
		大理石样病变、出血	猪瘟
	睾丸	肿大、发炎、坏死、萎缩	猪流行性乙型脑炎、猪布氏杆菌病
	喉头	会厌软骨针尖样出血点	猪瘟
	气管	有大量泡沫	猪传染性胸膜肺炎
	支气管	有大量的脓汁	副猪嗜血杆菌病
	血液	凝固不良	猪链球菌病、猪中毒性疾病、猪炭疽

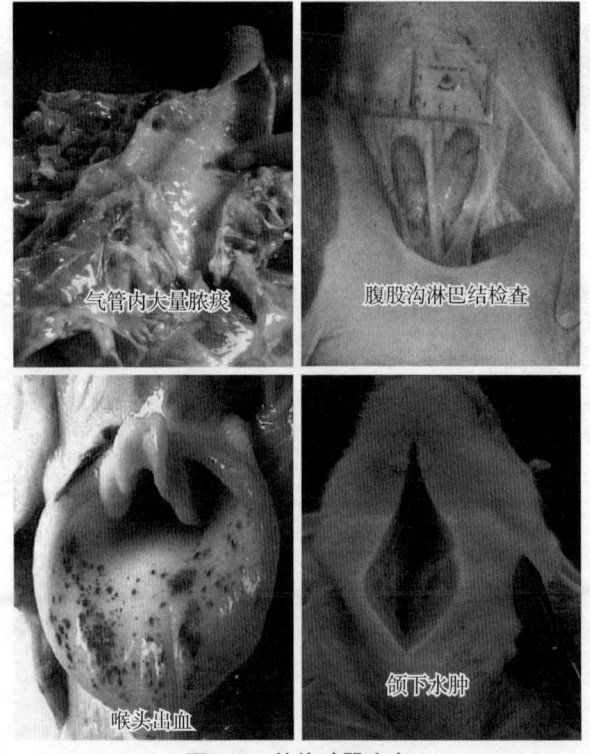

气管内大量脓痰　　腹股沟淋巴结检查　　喉头出血　　颌下水肿

图2-5　其他脏器病变

对所见的病变应做到全面观察、客观描述、详细记录，综合各器官情况，切不可凭片面的观察结果做出判断，若诊断差之毫厘，治疗则谬以千里。

8. 解剖前后生物安全防护

（1）解剖前

尸体从猪舍搬运到解剖地点时，为防止病原扩散，可将尸体装入塑料袋内，也可用浸透消毒液的棉花堵塞尸体的天然孔，并用消毒液喷湿尸体表面。

（2）解剖后

如果尸体要进行深埋，则解剖前要先挖好深坑，坑内撒上生石灰和氢氧化钠，解剖后把尸体、一次性手套、鞋套、防护服、垫膜或被污染的土层一起投入深坑内，在其表面撒上生石灰、氢氧化钠或喷洒消毒液后用土掩埋，有条件的也可投入化尸池或焚烧。

（3）人员和物品的生物安全防护

解剖人员应更衣、换鞋、洗手消毒；解剖器具用消毒液浸泡或煮沸消毒；解剖点地面也要进行消毒处理，以便下次使用；运送尸体的车辆和绳索等，用后也要严格消毒。

三、病料采集及送检

解剖后，往往脏器缺乏特征性的病变，甚至肉眼看不到明显的病变，给临床正确诊断猪病带来了极大的挑战。为了查找病因，需要采集病料，送至实验室做进一步检验确诊。

1. 病料采集基本原则

采样有效、送检规范是病料采集的基本原则。所送检的病料应新鲜、干净、病变典型且有代表性；病料处理、保存、运送要规范及时。科学采样、规范送检是实验室精准检测的前提，也是实验室

检测结果可靠的基础。

2. 无菌采集病料

采集病料时要无菌操作，解剖人员穿好防护服、戴好无菌手套，解剖刀剪等采集工具要提前消毒（煮沸、消毒药浸泡、火焰烧灼消毒等）。解剖后可先采样后检查，以免人为污染样品。采取病变典型、明显的部位，采集包括病灶及邻近正常组织的病料送检，常采集淋巴结、扁桃体、肺脏、肾脏、脾脏、肝脏的病料为主。

3. 常见病料采集方法

（1）口鼻拭子采集

用医用棉签在猪口腔或鼻腔转动至少3圈，采集口腔、鼻腔的分泌物；蘸取分泌物后，立即将拭子浸入装有PBS缓冲液的离心管中，折断露出部分棉签棒，盖紧离心管盖。

（2）扁桃体样品采集

剖开猪口腔，取出扁桃体组织，装入无菌密封袋中。

（3）全血样品采集

①耳缘静脉采血：按压使猪耳静脉血管怒张，采样针头斜面朝上、呈15°沿耳缘静脉由远心端向近心端刺入血管，见有血液回流后放松按压，缓慢抽取血液或接入真空采血管。

②前腔静脉采血：将猪的头颈向斜上方拉至与水平面呈30°以上角度，偏向一侧。选择颈部最低凹处，使针头偏向气管约15°方向进针，见有血液回流时，即把针芯向外拉使血液流入采血器或接入真空采血管。

（4）血清样品采集

采集好血样后，室温下倾斜30°静置2~4小时，待大部分血清析出后即可取出血清。

（5）组织样品采集

组织样品常选择脾脏、扁桃体、淋巴结、肺脏、肾脏等。脾脏、肺脏、肾脏采集约3厘米×3厘米大小；扁桃体整体采集；淋巴结选取出血严重的整体采集。

（6）肠道组织及肠内容物样品采集

选择病变明显的肠管两端扎紧，从两端剪断送检。

（7）皮肤组织及其附属物样品采集

对于产生水疱病变或其他皮肤病变的疾病，应直接从病变部位采集病变皮肤的碎屑、未破裂水疱的水疱液、水疱皮等作为样品送检。

4. 常见猪病应采集的病料

不同猪病选择采样部位的基本原则是：该部位检出率高，便于发现病毒感染或排毒早期的个体，利于早期监测及精准剔除病猪，其次要操作简便，采样散毒风险低。不同猪病建议采样部位见表2-7。

表2-7　不同猪病建议采样部位

常见猪病	建议采样部位
非洲猪瘟	口鼻分泌物、血液、脾脏、肺脏、淋巴结
猪瘟	扁桃体、脾脏、肾脏、淋巴结、血样、唾液
猪流感	口咽拭子、肺脏、气管分泌物
蓝耳病	肺脏、血样、流产胎儿、淋巴结、扁桃体
猪流行性乙型脑炎	新鲜流产胎儿、精液
猪细小病毒病	妊娠70天以上的木乃伊胎儿，胎儿肺脏、血样，母猪血液、淋巴结、扁桃体、肝脏
猪圆环病毒病	肺脏、淋巴结、脾脏、肾脏、血样、扁桃体
猪口蹄疫	水疱液、水疱皮、血清、口鼻分泌物
猪支原体肺炎	肺脏、深部呼吸道分泌物、支气管
猪伪狂犬病	脑组织、扁桃体、血样、肺脏、肝脏、脾脏、唾液
猪链球菌病	肺脏、脑、淋巴结、关节液
猪弓形体病	全血、肺脏、肝脏
猪肺疫	肺脏、淋巴结、血液、心包积液等渗出液
猪沙门氏菌病	肺脏、肝脏、肠内容物

续表

常见猪病	建议采样部位
猪大肠杆菌病	小肠及内容物、肺脏、心脏、粪便
猪附红细胞体病	新鲜血液
副猪嗜血杆菌病	肺脏、心包液、关节液、心脏血液
猪传染性胸膜肺炎	肺脏、支气管、鼻腔分泌物
猪传染性萎缩性鼻炎	肺脏、鼻液
猪传染性胃肠炎/轮状病毒病/流行性腹泻	粪便、小肠及其内容物、肠系膜淋巴结

5. 采样关键点及注意事项

（1）成立应急采样专业队

中大型猪场应根据场内人员编制，提前成立应急采样专业队，专业队可以由饲养员组成（可考虑各组或各环节抽人组成，可兼顾日常猪场采样监控）。采样专业队建议由队长、副队长及4名队员组成（分两组进行，风险高低分开），队长和副队长分别带队进行采样并监控队员采样规范性，具有采样防污染及发生污染应急处理能力；应急采样队可以根据实际情况同时负责本公司区域内其他猪场（最好省内，考虑到人员能否及时到位）。特殊情况除外，有条件的猪场尽量配备应急采样专业队。

（2）采样培训到位

平时培训好采样专业队对样本（大栏或定位栏、大中小猪只、血液或唾液及咽拭子）、环境（重点是猪舍内区域，包括但不限于栏杆、过道、风机、门把手、工具、水鞋等）进行采样，在猪场出现异常情况时，人员能够快速到位组建采样队，确保在最短的时间里完成猪群的几轮普筛，第一时间找到感染猪只。

（3）采样效果监控与评估

采样专业队的队长及副队长应该由公司负责技术的人员考核认

定，队长应具有全部类型标准采样操作能力，队长对队员们采样是否规范进行转培训和考核，并对他们进行打分，尽可能减少可知错误采样操作，要求全部队员都通过考核后，采样队才算成立。猪场要时刻注意是否在采样过程中需要候补人员，防止队员在需要时出现特殊情况，通常要提前多预留一些人员进行培训考核，保障发生异常情况时人员能够及时补充。

（4）关注采样准确性

采集唾液时，猪只咀嚼时间不得少于10秒，确保收集到足够量的唾液。采集咽拭子时，应用棉绒拭子快速捅到咽喉，防止采集到的大部分是唾液，最好拔出时观察是否有黏液（鼻涕状），若没有，建议重新采一次。唾液或咽拭子采样前尽可能控水断料，控水尽可能在30分钟以上，不喂料有利于猪只唾液分泌，另外也可促进猪只应激，激发排毒作用，有利于提高部分猪只的检出率。

按血液学检查结果来看，前腔静脉血、耳根血的检查结果较尾根血准确，但前两者采集相对较难，通常需要绑猪操作，若大批量采集仍建议采尾根血较为稳妥，不过采尾根血也应注意自身保护，避免血滴落到鞋上而扩散到其他区域（通过一条过道尽可能换一次鞋套）。

环境采样要求在消毒前或者与上一次消毒间隔12小时（经验值）后采样，避免消毒药对检测造成影响。一般来说，在猪场各个区域都需要日常消毒，但监控环境是否带毒，需要避免消毒药（破坏核酸的消毒剂如氯制剂、过氧乙酸、氢氧化钠）的影响。如果采集的样品中含有消毒药，那消毒药可能将采集到的核酸降解，这样可能会导致结果误判，影响下一步的环境消毒。采用戊二醛等无法裂解核酸的消毒药，如果之前环境样品检出阳性，那么无论采用这些消毒药消毒多久，此时采样必要性不强（属于无效采样）。采样要在理论上行得通，而不是一刀切，一"采"到底。

（5）采样队自身防护与监控

采样队进出猪舍、在猪舍内操作，以及当天跨单元（栋）等操作，须严格做好防护，防止交叉污染。每次采样结束后，每个采样队员对自身头发、脸、手、鞋底、外衣裤等进行采样，评估采样过程中是否存在污染扩散的现象，此过程可以通过专业采样队员互相协助采样完成，尽量做到采样精准到位。

（6）猪场采样方面注意事项

小型猪场（低于1 500头母猪）建议各区域设采样责任人，必要时可以考虑全员皆"兵"，即所有干部和员工都非常熟悉采样的全部流程；另外，无论猪场大小，平时都需要做好日常异常（非正常）猪只采样监测；无论专业还是不专业的采样队在采样过程中都可能出现扩散的现象，因此无论何种采样方式都需要严格监控人员操作（监控方式可以是双岗制、视频监控等，方便后续复盘与改正），避免污染扩散。

6. 病料规范送检

（1）编号信息完整简洁

采样管（不同规格的离心管）要清晰标明样品信息编号，编号通常由场部根据栋舍规定，如第1栋用A1→An，第2栋用B1→Bn，以此类推。若实验室为区域实验室（多个猪场，应在前面标记好猪场代号，最好也是单个字母），则各区域要编码对应的唾液、咽拭子、血液、环境等样本，并且注明猪只栏号或具体环境区域，再由猪场统一将送检表发至实验室。通常送检内容包括送检单位、地址、动物种类、何种病料、检验目的、保存方法、死亡时间、剖检取材时间、送检日期、送检者姓名及电话号码，并附上临床病例摘要，采样管盖上盖子用胶布封口。送检表可参考表2-8。

表2-8　猪场样品送检表及举例说明

样品编号	猪只状况（其他不填）	样品类型（唾液/咽拭子/血液/环境样/人员样）	线/栋	生产环节（隔离舍/后备舍/生长舍/配怀舍/分娩舍/保育舍）	栏号/耳号/人员姓名/环境具体区域
A1	不吃料	唾液	一线	配怀舍	A66
A2	—	人员样	—	—	张三
B1	肢蹄病	血液	二线	分娩舍	1单元-22
B2	—	环境样	二线	配怀舍	电箱
……	……	……	—	—	—

（2）样品固定防污染

为防止样品溢洒，要求样品编号后放入样品盒中进行固定，并且对离心管盖再一次进行按压，确保管盖盖紧，在送样过程中不会被打开。多数猪场很少配备足量的样品盒，可采用硬皮纸板或泡沫板替代样品盒，根据离心管大小在硬皮纸板或泡沫板上间隔插孔，样品编号插入后，将盖子再按压一次，确保都盖紧后，再在盖子上方用一层未插孔的硬皮纸板或泡沫板盖住，用橡皮筋捆绑好，并在板上标注好采样时间、编号、区域和各类型样品份数，以及总份数。

（3）场内送样流程可控

样品由生产线送至猪场大门口的过程中，要确保单向流程，样品做好双层包装，避免把潜在风险带到不同区域，尤其是大门口。整个传递过程由专人负责，防止交叉污染。

（4）实验室送样规范

上述样品，由场部统一收集，按规定时间送样，安排专车第一时间送至实验室（各猪场按实际情况确定，最好在15:00前送样，及时送样可以在当天出结果）。要根据实验室人员、设备、检测项

目、检测强度等情况，合理安排样品送检数量，避免样品长时间存放或实验员夜班疲劳检测，影响样品检测的及时性和准确性。若实验室较近且实验室能第一时间检测可考虑不用加冰；若实验室较远或者实验室样品过多（同时检测几个猪场样品等特殊情况），需要在样品中加入适量的冰块。

第三章
猪病常见检测方法

近年来，我国猪病复杂多变，对猪病的综合防控提出了挑战，也给广大养殖户造成巨大的经济损失，仅靠流行病学和病理变化等有时很难对病因做出正确的判断。必须借助科学的诊断方法对猪病进行诊断，以便更有针对性地做好规模化猪场疫病综合防控与净化工作，减少临床工作的盲目性，从而使养殖场（户）的损失降到最低。实验室检测的内容很多，目前临床应用较多的是细菌分离及药敏试验、核酸检测、血清学（抗体）检测，可根据自己的需求进行选择，这里主要介绍一下常见的实验室检测方法。

一、细菌分离及药敏试验

1. 药敏试验定义及方法

药敏试验是体外抗菌药物敏感性试验的简称，是指在体外使用合适的方法测定药物的抑菌或者杀菌能力的试验。临床药敏试验主要有纸片扩散法与稀释法，稀释法又可分为肉汤稀释法与琼脂糖稀释法，纸片扩散法因为操作起来较为方便，所以在养殖行业中较为常见。

2. 药敏试验原理

纸片扩散法药敏试验是把含有一定浓度药物的滤纸片贴在已经接种了一定量的待测菌的琼脂培养基表面上，纸片中的药物可以在琼脂中扩散，随着扩散距离的增加，抗菌药物的浓度逐渐降低，从而可以在药敏纸片的周围形成一定的药物浓度梯度。在药物达到一定浓度时可以抑制细菌生长，而在远离药敏纸片中心的范围药物浓度较低，细菌可以正常地生长，从而在药敏纸片周围形成透明的抑菌圈。细菌对不同药物的敏感性不同，所以产生的抑菌圈大小也不同，抑菌圈的大小可以反映测试菌对药物的敏感程度，或者说药物对细菌生长的杀灭作用，并与该药物对测试菌的最低抑菌浓度

（MIC）呈负相关，所以临床上可以根据抑菌圈的大小来选择合适的药物进行治疗。

3. 药敏试验的意义

（1）抗生素使用的利弊

在畜牧行业中，细菌感染是危害养殖业比较严重的疾病，某些细菌引起的疾病如仔猪黄白痢因其发病急，传染性强，死亡率高，一旦群体发病往往会给养殖户带来巨大的经济损失。抗生素的出现为细菌病的防治带来了福音，因为抗生素的抑制和杀灭细菌的功效，让其在养殖行业的疾病防治，尤其是对细菌性传染病的控制、降低死亡率、提高经济效益方面发挥着无可替代的作用。但是，由于养殖过程中抗生素药物使用得不科学，甚至盲目地滥用抗生素药物，从而导致细菌产生了严重的耐药性，使得抗菌药物对细菌性疾病的控制效果越来越差，这样不但造成药物浪费，而且还延误病情，给养殖户造成了很大的经济损失。

（2）抗生素使用的现状

我国使用的68种兽用抗菌药归属于13大类，制剂个数为216个。药物品种数量排名前三位的分别为磺胺类及增效剂、β-内酰胺类及抑制剂和氟喹诺酮类。制剂个数排名前三位的分别为磺胺类及增效剂、β-内酰胺类及抑制剂和氟喹诺酮类。按药物类别统计，使用量排名前三位的药物类别依次为四环素类、磺胺类及增效剂和β-内酰胺类及抑制剂，占比分别为30.52%、13.08%和12.55%。按使用途径分类统计，兽用抗菌药以混饲途径给药为主，占比40.22%；其次为饮水途径，占比34.20%；注射途径和其他途径占比分别为10.90%和14.68%。

（3）药敏试验的作用

首先定期采取样品进行药敏试验，可以监测养殖场菌群的耐药情况，及时调整保健及治疗药物，通过轮换用药，减少细菌耐药性

的产生，降低用药成本，提高猪群的健康度。其次猪群发生疾病时及时采样进行药敏试验，通过药敏试验挑选出敏感性高的药物进行治疗，不但可以做到有针对性地治疗，减少药物的浪费，降低养猪成本，还可以及时控制病情，避免造成重大的损失。所以，药敏试验在监测畜禽群健康情况、指导养殖场合理用药、降本增效及可持续发展方面具有重大意义。

4. 药敏试验的主要步骤

（1）样品采集及保存

猪群发生疾病时，经过兽医现场判断分析可疑疾病后，根据不同疾病可以采集不同部位的样品。一般情况下可以采集发病猪口鼻拭子、肛拭子或者血液，也可以挑选病死猪或者发病期的猪只进行解剖，采集心、肝、脑等脏器部位的样品，具体可以根据不同疾病采用不同的采样方法。现以病死猪的采样为例进行说明：采样人员穿戴防护服、鞋套、手套把发病猪或者病死猪放入密闭转运车转运到远离猪舍的空地或者无害化处理区，在地上铺上塑料薄膜，把猪只仰卧在薄膜上，解剖人员按照猪只解剖流程进行解剖，用镊子夹住肝脏或者其他脏器，用手术刀切下一小块放入密封袋中装好，写好样品的基本信息，样品袋放到放有冰袋的泡沫箱中，及时送往实验室进行检测。

样品采集后要及时送往实验室进行检测，如果不能及时送往实验室，样品要存放于4℃冰箱中，避免高温或者存放时间过长，一般要求在24小时内进行送检。

（2）试验物资的准备

①仪器耗材的准备：实验室提前准备好药敏试验需要用到的实验器材与耗材：37℃恒温培养箱、恒温培养摇床、超净工作台、高压灭菌器、移液器、酒精灯、接种环、镊子、剪刀、无菌棉拭子、生理盐水、麦氏比浊管（0.5单位）及玻璃涂布器等。

②培养基的准备：实验室检测常用的培养基有LB培养基、TSA培养基、TSB培养基、MH培养基、血清培养基、血液培养基等，根据待培养的细菌种类选择合适的培养基。普通细菌如大肠杆菌选择LB固体培养基即可，较难生长的细菌可以选择TSB培养基、血液培养基，某些特殊的细菌可能需要添加一些细菌生长需要的物质，如副猪嗜血杆菌的培养基为血清培养基加入一定的NAD（烟酰胺腺嘌呤二核苷酸）、胸膜肺炎放线杆菌的培养基为血液培养基上接种葡萄球菌。需要根据临床实际情况，如果初次分离不确定细菌的生长要求，可以使用10%血液培养基，一般可以让大部分细菌生长。实验室也可以提前购买制备好的培养基，4℃保存备用。

③药敏纸片的准备：实验室为了试验方便，平时可以准备一些常见药物的药敏纸片，保存在-20℃冰箱中，需要使用时拿出来恢复常温即可。对于想节约成本或者购买不到的某些兽药药敏纸片，可以自己制备，制备也比较简单，而且可以根据购买的药物来制备相应的药敏纸片，制备方法如下。

滤纸片的准备：取吸水性比较好的定性滤纸，厚度大概在1毫米，用打孔机打成直径为6毫米的圆形小纸片。纸片按照50片一瓶放入清洁干燥的玻璃瓶中，如青霉素粉剂的空瓶，瓶口可以用牛皮纸包扎好。经高压灭菌器高压灭菌后，放在37℃恒温箱或烘箱中烘干数天，使纸片完全干燥。

药液的配制：按商品药的治疗使用量的比例配制药液。

④药敏纸片的制备：在上述含有50片滤纸片的青霉素瓶内加入配制好的药液0.5毫升，并上下摇动纸片，使各纸片均匀充分浸透药液，在瓶身上记录好药物的名称与制作日期，放入37℃恒温箱内烘干过夜，干燥后即可密盖起来。制作好的药敏纸片切勿受潮，短期存放可置于4℃冰箱内，长期存放要放到-20℃冰箱中，有效期一般为3～6个月。

（3）样品的处理

实验室收到样品后，先对样品外包装进行酒精喷洒消毒，30分钟后拆开样品包装，做好样品信息的登记或者贴好标签后，对包装样品的密封袋进行消毒，然后送入超净工作台。接下来的步骤要在超净工作台内进行，避免杂菌的污染影响结果的判断。

（4）致病菌的分离培养

①试验准备：试验前把酒精灯、镊子、剪刀、接种环、无菌棉拭子、酒精棉球等需要用到的试验器械放进超净工作台内，用酒精棉球对超净工作台与试验器械进行擦拭消毒后打开超净工作台的紫外灯照射30分钟以上，培养基提前20分钟从冰箱中拿出恢复常温。

②实验操作：操作人员提前打开超净工作台通风5分钟，全程佩戴口罩、手套、穿白大褂。且所有操作需在酒精灯火焰周围5～8厘米的无菌区域内进行。

在超净工作台内双手用酒精棉球消毒后，打开装样品的密封袋。若为组织样品，可把镊子在火上灼烧灭菌后夹起样品，用灭菌的剪刀剪取一小块样品。一手微微打开培养皿，用样品的新鲜切面在培养基上来回涂抹几次。涂板时培养基盖子不要开口太大，避免空气中的细菌污染平板。对于无菌采集的血液或者液体样品可以直接用移液器吸取100微升加入培养基，用接种环或者无菌棉拭子进行四区画线。其他一些固体如粪便、饲料、棉拭子等可以添加一定的无菌生理盐水混匀后，液体离心保留100微升混匀沉淀使用。接种完细菌后的培养基做好标记，倒置于37℃恒温箱内培养24～72小时。

（5）致病菌的药敏试验

接种过细菌的培养基在培养24小时后，观察细菌生长情况，等细菌长到合适大小后挑取可疑菌落进行药敏试验。挑菌是一个非常重要的步骤，需要根据兽医或者养殖户反馈的畜禽的临床症状，再结合实际情况，挑选出可疑的致病菌做好标记。有条件的实验室可以进行革兰氏染色与镜检，或者进行菌液PCR，进一步确定致病菌。一些特殊的细菌往往可以通过观察菌落形态与镜检结果做出初步的判断，例如：引起仔猪黄白痢的大肠杆菌菌落形态呈圆形，边缘整齐，半透明状，表面光滑，镜检为两端呈钝圆形短杆菌，革兰氏染色为阴性；引起猪肺疫的多杀性巴氏杆菌菌落呈淡灰色，圆形湿润的露珠样小菌落，瑞氏染色可见两极着色，革兰氏染色为阴性。

①制备涂板菌液：从恒温培养箱中取出培养好的细菌平板，在超净工作台里面把接种环放在酒精灯火焰上灼烧灭菌，待接种环温度降下来后，从培养基上做好标记的菌落中挑取一个或者多个加入0.5毫升生理盐水中，用移液器把菌液吹打混匀，调成0.5麦氏浓度，置于酒精灯旁备用。

②接种平板：把无菌棉拭子浸入调好的菌悬液中，蘸取合适的菌液，菌液不宜过多，棉签太湿的话在管壁上挤掉多余的菌液，使棉签保持湿润即可。用棉签在琼脂平培养基上左右或者上下画线，画满整个培养基表面后再把平皿旋转60°重复画线，共画3次。可以根据需要做的药敏纸片种类确定画多少个培养基，一般一个90毫米的培养基可以贴5～7张药敏纸片，接种好细菌的培养基置于室温下3～5分钟再贴药敏纸片。

③贴药敏纸片：把镊子在火焰上灼烧灭菌，待镊子凉透后夹取药敏纸片，轻轻贴于画好细菌的培养基表面，并用镊尖轻压一下药敏纸片，使其贴平并与培养基充分接触，各药敏纸片的距离尽量保持一致。贴好一张药敏纸片后要把镊子在酒精灯上灼烧一下等凉透后再夹取新的药敏纸片，以防各药敏纸片之间产生交叉污染。

④培养观察：将贴好药敏纸片的培养基置于37℃恒温箱中培养24～48小时，待细菌生长到出现明显的抑菌圈后拿出来，用直尺量取抑菌圈直径大小并记录。

（6）药敏试验结果判读

根据抑菌圈直径大小对标国际标准进行解读（表3-1），挑选出高敏以上的药物，再结合成本、给药方式等方面的实际情况，综合考虑选用合适的药物来进行治疗，一般都会取得不错的疗效。

表3-1 药敏试验判断标准

药敏	
抑菌圈直径/mm	敏感性
20以上	极敏
15～20	高敏
10～14	中敏
10以下	低敏
0	不敏

（7）药敏试验后的处理

在解读完细菌的敏感性情况，挑选出敏感药物后，需要把样品与细菌培养基进行无害化处理，通常可以用高压灭菌器进行高压灭菌后才可以丢弃，避免污染环境与传染疾病。

5. 药敏试验的注意事项

（1）培养基

提前了解可能的致病菌，根据试验菌的营养要求进行配制。倾注平板时，厚度为5～6毫米，不可太薄，一般直径90毫米的培养皿，倾注培养基18～20毫升为宜。

（2）细菌接种量

需要制备0.5麦氏比浊管的菌液。细菌接种量如果太多或太少，抑菌圈会偏小或者偏大，影响对结果的判断。

（3）药物浓度

药物的浓度和总量直接影响抑菌试验的结果，需精确配制。商品药应严格按照其推荐治疗量配制。

（4）培养时间

一般培养温度和时间为37℃ 8～18小时，有些抗菌药扩散慢如多黏菌素，可将已放好抗菌药的平板培养基，先置于4℃冰箱内2～4小时，使抗菌药预扩散，然后再放入37℃恒温箱中培养，可以推迟细菌的生长，而得到较大的抑菌圈。

二、核酸检测

随着规模化养殖快速发展，猪场普遍存在多种病原混合感染的现象，很多疾病的临床症状非常相似，使用传统的诊断方法进行诊断效果并不理想。目前从事猪病实验室检测服务的单位主要有：农业高校或科研院所、饲料厂或兽药厂、规模养猪场及第三方检测机构等。这些服务机构在检测猪病病原时使用最多的方法是PCR方法。PCR方法因其特异、敏感、快速等优点，获得检测人员的高度认可。自2018年8月我国辽宁省发生第一起非洲猪瘟疫情以来，我国多省份相继发生非洲猪瘟疫情。为了加强非洲猪瘟的防控，各省强制地市配备了非洲猪瘟检测设备，并紧急培训检测人员，建设了PCR检测室，但在应用PCR方法过程中，如果操作不规范，就会出现"假阳性"或"假阴性"等错误结果，从而误导猪场防疫工作。本节对猪病核酸检测方法及常见问题进行了概述，以期为检测人员规范操作提供参考。

1. PCR方法概述

PCR是20世纪80年代中期发展起来的快速体外DNA复制方法，由高温变性、低温退火（复性）及适温延伸等反应组成一个周期，循环进行，使目的DNA得以迅速扩增，从而在短时间内获得所需的大量特定基因片段，其扩增原理如图3-1。

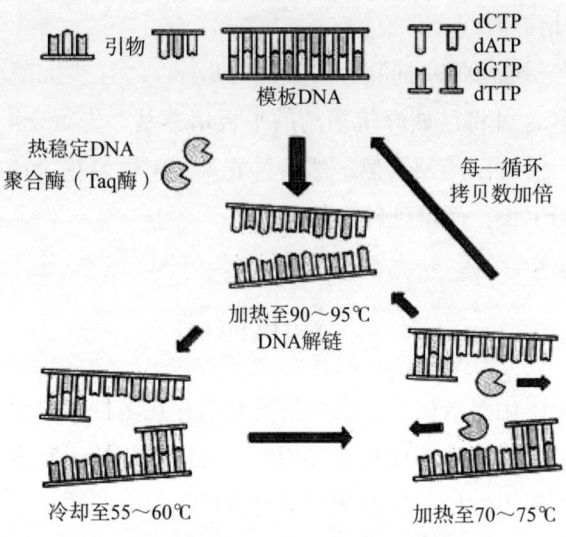

引物　模板DNA　dCTP dATP dGTP dTTP

热稳定DNA
聚合酶（Taq酶）

每一循环
拷贝数加倍

加热至90～95℃
DNA解链

冷却至55～60℃　　　　加热至70～75℃

图3-1　PCR扩增原理

目前常用的猪病病原PCR检测方法包括普通PCR或RT-PCR（反转录聚合酶链式反应）、多重PCR或多重RT-PCR、套式PCR或套式RT-PCR、环介导等温扩增（loop-mediated isothermal amplification，LAMP）及实时荧光定量PCR或实时荧光定量RT-PCR等。其中普通PCR具备灵敏度高、成本低等优点，适合没有荧光定量PCR仪的基层实验室，但PCR扩增产物需进行琼脂糖凝胶电泳才能观察特异性条带，而在电泳时需打开PCR管盖，易造成交叉污染出现假阳性。等温扩增技术也是近年来发展起来的一类核酸快速检测技术，包括多种等温扩增技术，如LAMP、重组酶聚合酶扩增（recombinase polymerase amplification，RPA）等，在临床诊断领域以LAMP和RPA应用最为广泛。这些方法的共同特点是可在恒温条件下通过利用不同功能的DNA聚合酶实现目的核酸模板的快速扩增，降低了反应体系的温度要求，也简化了传统的荧光定量PCR对仪器工作环境的苛刻要求，更有利于现场检测的应用。RPA

扩增需要引物与重组酶形成复合物，寻找引物的同源序列并发生链交换反应，引物及与待扩增DNA相似度高的其他序列也会影响RPA结果，容易产生假阳性的结果。LAMP检测技术同样存在一些不足，一是LAMP对于引物设计要求很高，需要设计的引物数目多、结构复杂；二是LAMP检测灵敏度太高，易因空气中的气溶胶污染而产生假阳性结果；三是LAMP在扩增结果判定方面也存在一定的问题。当以琼脂糖凝胶电泳法判定结果时，结果为梯形条带，不易鉴别是否为非特异性扩增。当焦磷酸镁白色沉淀和体系中添加染料结合无法判定结果时，可能存在因结果颜色不明显而造成肉眼观察不便捷及误判，另外，当有非特异扩增时，染料也可结合，影响结果判定。当采用微流控芯片和实时浊度仪法判定结果时，则需要购置昂贵的分析仪器。而荧光定量PCR特异性强、重复性好、自动化程度高并且不易污染样本和环境，商品化试剂盒将荧光定量PCR所需的试剂整合在一起，操作更加简便，检测结果一致性高，是使用最为普遍的检测方法。

荧光定量PCR（real-time PCR），是指在PCR扩增反应体系中加入荧光基团，对扩增反应中每一个循环产物的荧光信号实时检测，最后通过标准曲线对未知模板进行定量分析的方法。荧光定量PCR荧光标记方法可分为荧光染料法和荧光探针法两类。染料法是利用荧光染料可以嵌合到DNA双链内部的特性，来指示扩增产物的增加，染料法检测的是体系中的所有双链DNA，因此一些非特异性扩增或者引物二聚体的出现，会影响结果的准确性。而探针法是利用与靶序列特异结合的荧光探针的信号积累来指示扩增产物的增加，理论上探针法中的荧光信号只来源于目标序列，不受非特异性扩增及引物二聚体的影响。除此之外，人们还可以在一个体系中使用不同的荧光标记探针同时检测多个病原，达到快速且节省实验成本的目的。荧光探针法的基本原理：PCR扩增时加入一对引物和一条特异性的荧光探针，该探针两端分别标记一个报告荧光基团和一个淬灭荧光基团。开始时，探针完整地结合在DNA任意一条单链上，报告基团发射的荧光信号被淬灭基团吸收，检测不到荧光信号；PCR扩增时，Taq酶将探针酶切降解，使报告荧光基团和淬灭荧光基团分离，从而荧光监测系统可接收到荧光信号，即每扩增一条DNA链，就有一个荧光分子形成，实现了荧光信号的累积与PCR产物形成完全同步（图3-2）。

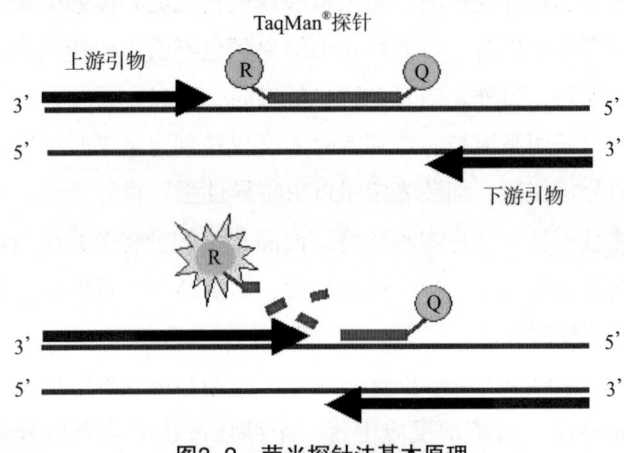

图3-2 荧光探针法基本原理

2. PCR方法在临床应用中的注意事项

（1）对方法的要求

使用PCR方法检测某种猪病，需要依据相应的检测标准。检测标准有的是检测人员或单位自建的，有的是来自参考文献，比如文章、论文、专利或标准等。但对猪场检测实验室来说，推荐应用正规厂家生产的猪病PCR商品化试剂盒，其质量控制体系严谨和临床验证丰富，使用起来结果可靠，不会出现很大问题。有专业人员的实验室可自建方法，推荐采用国家或行业认可的标准检测方法。比如检测非洲猪瘟病毒国家标准为GB/T 18648—2020，猪瘟病毒实时荧光RT-PCR方法国家标准为GB/T 27540—2011，伪狂犬病毒的PCR方法国家标准为GB/T 18641—2018、实时荧光PCR方法国家标准为GB/T 35911—2018，鉴别猪繁殖与呼吸综合征病毒高致病性与经典株复合RT-PCR方法国家标准为GB/T 27517—2011等。由于检测方法随着科技的发展变得更灵敏、更快速、更简单、更特异，加上病毒在不断地变异，所以国家标准也会随着检测方法学的更新而不断更新，建议检测人员可根据实验室的硬件条件选择合适的方法，按照相应的国家或行业标准操作，使检测结果具有高度准确性或认可性。

（2）对硬件设施的要求

进行PCR试验，需要分区操作，包括试剂准备区、样品核酸提取区、PCR扩增区和产物分析区。

要求人流及物流严格按照试剂准备区、样品核酸提取区、PCR扩增区和产物分析区路线单向流动，严禁倒流。人流与物流通道分开，物流通过每个区之间的传递窗传递，配液应在试剂准备区的生物安全柜中进行，电泳区应有排风及污染物处理设施。这4个区域应配套专用的移液器、枪头、工作服、手套及垃圾桶等耗材，严禁相互交叉使用。还应注意的是：如果做相关基因克隆、质粒提取等工作，禁止在这4个区域操作。上述所有要求都是为了防止气溶胶污染。为规范操作，检测人员应做好仪器使用、试剂领取和使用记录。为避免频繁反复冻融PCR试剂，如反转录酶、rTaq酶、引物等，可将其分装成小份使用。对于PCR所用的枪头，要高压处理，如果枪头用于提取和反转录RNA，需使用无酶枪头。有条件的实验室可做好仪器定期校准验证工作。

（3）对样本的要求

对样本总的要求是新鲜、典型、适量及标识清楚等，送检人员需要根据流行病学调查、临床问诊及剖检结果，对病死猪或发病猪

的病因做出一些推断；根据推断病原，无菌采集典型病变组织，装入自封袋并标识清楚，放入装有冰袋的泡沫箱以最快速度运送至送检单位，相关采样及送检要求详见第二章。

（4）对操作的要求

从事PCR检测的操作人员一定要有质量意识。每次PCR检测除了样本外，一定要设置阴阳性对照；严格、详细做好实验记录；注意在每个操作区更换工作服、鞋、口罩、手套等；在核酸提取和配液过程中，每添加1种试剂，更换1次枪头；每天做完实验，及时清场，进行消毒；注意个人防护，禁止在实验区域饮食，禁止不穿工作服进入实验区域，实验过程中或结束后要用清洗液洗手等。

PCR操作主要包含几个步骤：样本处理、核酸提取、PCR试剂的配制、加样上机、结果分析。

①样本处理：在生物安全柜中处理样本，其中有液体的样本（全血、唾液）直接取200微升放入干净的离心管中，组织样本需用剪刀剪碎研磨离心后取200微升上清液进行提取，干拭子样本需加PBS缓冲液洗脱棉签上的病原后再取200微升液体进行提取。

②核酸提取：可根据检测的病原种类及仪器设备选择适合的提取试剂盒进行核酸提取。市面上可选择的成熟产品包括磁珠法提取试剂盒和柱提试剂盒，建议使用DNA/RNA共提试剂盒进行核酸提取，DNA/RNA共提试剂盒提取的核酸适合所有病原的检测。

③PCR试剂的配制：需提前将PCR试剂盒于室温解冻，待液体全部融化后按照试剂盒的说明书进行PCR反应液的配制，再根据荧光PCR仪器选择适配的PCR管分装试剂。

④加样上机：按照阴性对照、样本核酸、阳性对照的顺序分别按照试剂盒说明书吸取一定体积的液体加入PCR反应液中，盖紧管盖，离心后将PCR反应管放入荧光PCR仪中进行扩增。

⑤结果分析：按照试剂盒说明书的结果判定标准对样本检测结

果进行判定，大多数PCR检测结果仅告诉送检人员有无某种病原。使用多重荧光定量PCR试剂盒也可以区分是野毒还是疫苗毒、强毒还是弱毒，有些甚至可以区分病原的基因型。也可以根据生产需要进一步对送检阳性病料中病原基因组扩增并测序，从而推测病原来源及与疫苗毒株的同源性等，更加精准指导生产。

3. 核酸检测可能存在的问题

核酸检测依然是病原学诊断的金标准，其病原学证据是无可替代和不容置疑的。在猪病的核酸检测中，核酸检测可能出现检测结果假阴性和假阳性，具体分析如下。

（1）采样不规范

根据国家卫生健康委员会发布的最新新型冠状病毒感染诊疗方案，从样品采集可以看出，样品采集对检测结果的影响很大，不少患者到第3次，甚至是第5次才出现阳性，后经比对发现，样品采集的日期或部位对检测结果存在很大影响。同样的道理，对猪群进行血样采集时，尽量采集发病后7天内的急性期抗凝血，而不是在猪群发病后2周才进行血样采集。采集内脏组织时，尽量采集肿大的脾脏和肿大的淋巴结。

（2）检测试剂盒质量参差不齐

各个厂家试剂盒的检测灵敏度不一致，可能会导致假阴性或假阳性问题，表3-2是5个不同厂家试剂盒对弱阳性样本的检出率情况，从结果可以看出，选择不同的试剂盒会导致结果的不同，因此，实验室应该对不同厂家试剂盒进行重复性、灵敏度、检出率、荧光值及稳定性比对试验，选择最优的试剂盒。

表3-2　不同厂家荧光定量PCR试剂盒对低浓度样本的检出率对比

弱阳样本	A厂家	B厂家	C厂家	D厂家	E厂家
1	38.68%	—	38.45%	37.58%	36.87%
2	37.55%	—	37.95%	—	38.01%
3	—	—	35.69%	—	36.54%
4	—	—	—	—	—
5	36.87%	37.23%	38.47%	36.89%	36.48%
6	—	—	37.65%	—	36.29%
7	38.45%	—	—	—	37.54%
8	—	—	39.65%	—	38.95%
检出率	50%	12.5%	75%	25%	87.5%

（3）核酸提取效果不佳

选择正规厂家的核酸提取试剂盒，通过对多家核酸提取试剂盒进行比较发现，不同试剂盒的核酸提取效果差异显著，尤其对RNA样本的提取结果差异较大，表3-3是实验室对5个不同公司的提取试剂盒进行比对的一组数据，由数据可以看出E公司的提取试剂盒灵敏度较差，容易造成假阴性结果。

表3-3　不同公司提取试剂盒提取效果对比

样本	A公司	B公司	C公司	D公司	E公司
DNA样本1	34.26%	38.07%	36.85%	32.47%	38.29%
DNA样本2	37.89%	—	40.03%	36.90%	—
DNA样本3	27.99%	27.24%	36.93%	28.99%	29.36%
DNA样本4	30.83%	33.08%	32.85%	30.51%	34.19%
DNA样本5	29.39%	32.1%	28.93%	28.48%	31.27%
DNA样本6	37.29%	36.69%	37.42%	36.83%	—
RNA样本1	21.34%	21.95%	22.36%	21.65%	30.56%
RNA样本2	23.12%	24.14%	23.84%	23.52%	39.27%

续表

样本	A公司	B公司	C公司	D公司	E公司
RNA样本3	23.31%	23.25%	23.64%	22.65%	26.38%
RNA样本4	28.03%	27.65%	29.54%	25.37%	35.64%
RNA样本5	23.67%	23.26%	24.62%	22.87%	28.37%
RNA样本6	29.47%	32.14%	29.32%	28.61%	—

因此，在选择核酸提取试剂盒时尽量先用标准物质进行验证，不可贪图便宜而选择无质量保证的试剂盒，否则会严重影响检测的结果。提取的核酸可用核酸浓度分析仪测试纯度，由于核酸在波长260纳米处有最高吸收峰，蛋白质的吸收高峰在280纳米波长处，因此，A260和A280是核酸纯度的指示值。纯度好的DNA或RNA，A260和A280的比值应该为2.0～2.5。纯净的样品比值大于1.8（DNA）或者2.0（RNA）。如果比值低于1.8或2.0，说明提取的核酸纯度较低，表示可能有盐离子或者有机试剂污染，需要纯化样品。建议养殖场实验室自行对不同的核酸提取试剂盒进行比对分析，筛选出质量稳定、适合本实验室的核酸提取试剂盒。

（4）猪群可能存在新的未知病原

猪群出现疑似病毒感染，但经实验室检测，常规的非洲猪瘟病毒、猪繁殖与呼吸综合征病毒、猪瘟病毒、猪伪狂犬病毒、猪圆环病毒等病毒核酸的检测结果均为阴性，说明这些猪群可能存在新的未知病原，只是限于目前的检测水平，尚不能确认是何种病原。

（5）某些检测步骤不符合要求

核酸检测是微量操作，要求极为严格。第一，检测人员需正确熟练地使用微量移液枪，不懂得加液时一挡进二挡出，枪头外黏带的一个液滴就会超过2微升，这样配制出来的扩增体系误差太大，阳性对照及阳性样品跑不出来曲线，会导致试验不成功。第二，微量移液枪使用要注意，移液枪与枪头不相配会造成配液加样误差大

从而出现假阴性结果。第三，配制反应体系须严谨，有的检测人员在配制反应体系时，把试剂的各个组分加错或算错，造成扩增反应体系有很大偏差。第四，常温操作时间不可过长，任何PCR检测的反应体系，在常温下保存时间过长都容易失效。另外，反应体系配制过早或者配制后放冰箱而没有及时进行上机检测、提取的RNA模板和反应体系如果放置时间过长都会造成假阴性的结果。

4. 核酸检测注意事项

对于动物疫病诊断，最重要的是以最快速度做出明确诊断，这样才能为后续的治疗及防控提供重要依据与基础。通过实验室检测，密切监测病原体在猪群中的感染趋势和病原载量，对猪场快速、高效地防控疫病起到至关重要的作用。PCR检测在猪病诊断领域已得到广泛应用。建议广大养殖单位建立符合自身需求的分子检测实验室，在实验室运行过程中重视人员培训、设备选型及试剂盒选择，最大限度地发挥检测实验室的疫病指导作用。条件不成熟的猪场也建议送检，但在实践中往往会出现同一份病料送到不同检测单位得到的检测结果并不一致的现象，提示检测单位的PCR操作水平高低不一，究其原因可能是有些检测单位没有获得国家认可的资质，没有严格的质量管理体系。目前国家正在开展中国合格评定国家认可委员会（CNAS）认证和中国计量认证（CMA）工作，建议养猪场在送检病料时，选择有资质的机构进行检测。

三、血清学（抗体）检测

随着科学的进步，动物防疫手段也得到很大的发展。在诸多技术中，血清学检测技术是其中一颗耀眼的明珠。其在动物疫病预防和控制中发挥了重要的作用，被广泛应用于疫病监测、预警、疫苗效果评估等诸多领域，对我国经济社会发展有着积极的作用，助力了养殖经济的发展。血清学检测技术除传统的沉淀反应、凝集试验、补体结合试验（CFT）外，标记免疫测定（如酶联免疫吸附测定、放射免疫测定、荧光免疫测定、发光免疫测定等）已成为主要的免疫测定技术，免疫印迹法也发挥了明显的作用，一些快速测定法（如免疫胶体金技术、快速斑点免疫结合试验）也被广泛使用。本章节主要是对猪病检测实验室内使用最为广泛的酶联免疫吸附测定和免疫胶体金技术的检测原理及应用进行介绍。

1. 酶联免疫吸附分析方法

酶联免疫吸附测定（enzyme linked immunosorbent assay，ELISA）是一种用酶标记第一抗体或是第二抗体检测特异性抗原或抗体的方法。将抗原抗体反应的高度特异性与酶对底物的高效催化结合起来，通过酶标仪测定酶分解底物产出的有色物质的光密度（OD）值。该方法具有特异性强、灵敏度高、方法简单、分析容量大、检测成本低等优点，一般不需要贵重仪器。试剂盒厂家可以提供一系列商品化产品，具有常规理化分析技术无可比拟的选择性和优秀的灵敏度。

目前，应用于动物疫病检测中的酶联免疫吸附产品的常见类型主要有：夹心法、间接法、竞争法。

（1）夹心法

夹心法主要用于检测大分子抗原（抗体），利用待检测抗原（抗体）上的两个决定簇分别与固相载体上的抗体（抗原）和标记抗体（抗原）结合，形成"抗体—待测抗原—标记抗体"复合物或是"抗原—待测抗体—标记抗原"复合物，复合物的形成量与待测抗原（抗体）含量成正比。双抗体夹心法ELISA简略图见图3-3。

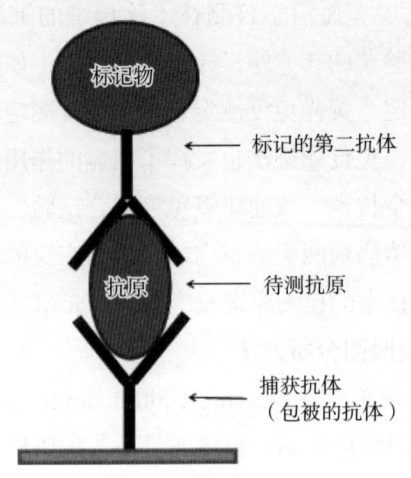

图3-3 双抗体夹心法ELISA

（2）间接法

间接法一般用于检测抗体。原理是将已知抗原包被在固相载体上，待测抗体与抗原结合后再与标记二抗结合，形成"抗原—待测抗体—标记二抗"复合物，复合物的形成量与待测抗体量成正比。间接法ELISA检测抗体见图3-4。

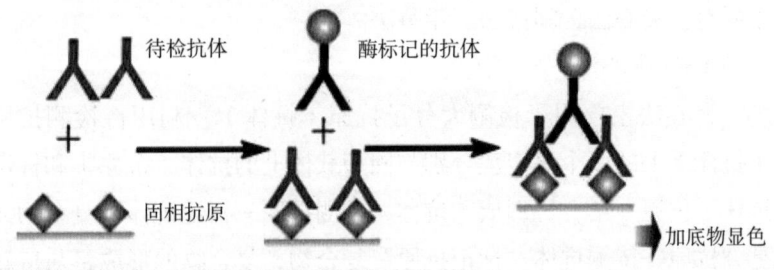

图3-4 间接法ELISA

（3）竞争法（阻断法）

竞争法既可用于检测抗原又可用于检测抗体，它利用标记抗原

（抗体）与待测的非标记抗原（抗体）之间竞争性地与固相载体上的限量抗体（抗原）结合，待测抗原（抗体）多，则形成非标记复合物多，标记抗原与抗体结合就少，也就是标记复合物少，因此，显示程度与待测物含量成反比。

（4）使用注意事项

无论哪种类型的酶联免疫试剂盒，它们的操作要求基本都是一致的。

①温度和时间对试剂盒检测OD值影响非常大，所以使用试剂盒之前要详细研读说明书。严格按照说明书的温度要求和时间要求进行试验。温度过高会导致OD值变高，时间延长也会导致OD值变高。与之相反的是，温度低和时间短OD值随之降低。

②反应板清洗问题，反应板清洗不干净肯定会导致OD值有偏差。最后一次清洗后要在干净的吸水纸上拍干反应板。

③酶标仪读数，要选用稳定的酶标仪，提前选好光波长，不同波长的读数结果是完全不一样的。

④血清的存放问题，尽量使用新鲜血清进行检测，溶血严重的血清对结果影响很大，会造成假阴性或假阳性的结果。血清4℃可存放3～7天，–20℃可存放1年以上。

⑤终止液一般是强酸、强碱溶液，使用时要注意防护，避免沾到皮肤或是溅到眼睛。

⑥试验结束后要把废弃物、废弃液体进行医疗废弃物处理，再丢入医疗废弃桶中。

2. 免疫胶体金技术

免疫胶体金技术是用胶体金颗粒标记抗体或抗原检测未知抗原或抗体的方法。其原理是，氯金酸（$HAuCl_4$）在还原剂如白磷、抗坏血酸、枸橼酸钠和鞣酸等的作用下，可合成特定大小的金颗粒，形成带负电荷的疏水胶溶液。该溶液因静电作用呈稳定的胶体状

态，故称胶体金。在碱性条件下，胶体金颗粒表面负电荷与蛋白质的正电荷基团靠静电引力结合。胶体金电子密度高，颗粒聚集后呈红色，可用于标记多种大分子，如白蛋白、免疫球蛋白、激素等。

与ELISA试剂盒相比，胶体金试剂条属于定性检测技术，具有更加易于携带、检测更加迅速、无须专业设备操作检测等优势。在实际检测过程中，特别是在一线现场快速检测，并不一定需要对每个样品获得定量数据，而只需要定性时，胶体金检测试剂条在这方面具有明显的优势。胶体金试剂条的原理类型和ELISA试剂盒类似，目前市场上有成熟稳定的检测抗原（例如猪流行性腹泻抗原卡或非洲猪瘟抗原卡）和检测抗体的胶体金试剂条可供选择。

（1）检测抗原的某商品化非洲猪瘟病毒检测试纸条

检测原理：将猪血等样品与样品稀释液混合，加入样本孔中，如果样品中含有非洲猪瘟抗原，抗原将会与金标记的特异性抗体片段结合形成抗原抗体复合物，并通过毛细管作用顺膜移动，与T线上预先包被好的另一特异性物质结合，形成一条红线。未结合的胶体金抗体流过T区被C区的二抗捕获并形成可见的红色C线。样品准备好后，试剂盒可以在20分钟内快速、简便地检测出非洲猪瘟抗原。

（2）检测抗体的某商品化非洲猪瘟病毒抗体检测试纸条

检测原理：检测时，标记胶体金捕获样品中非洲猪瘟抗体的免疫球蛋白（IgG）并形成复合物，并沿着试纸流向硝酸纤维素膜（NC膜）的另一端，当该复合物流到膜上包被非洲猪瘟抗原的T区时，固定在膜上的特异性抗原捕获该复合物中抗非洲猪瘟IgG并逐渐凝集成一条可见的T线。C线出现则表明免疫层析发生，即试纸有效；T线出现则表明样品已感染非洲猪瘟病毒。

（3）胶体金试剂条使用注意事项

①胶体金试剂条的结果判断有时效性，要在规定时间内判读。

②胶体金试剂条容易受到湿度影响，打开包装袋后，应尽快检测，否则检测结果不准确。

③试验结束后要把废弃物、废弃液体进行医疗废弃物处理，再丢入医疗废弃桶中。

④使用粪便、组织等杂质较多的样品检测时，需要沉降1分钟大颗粒或离心取上清液，以免杂质过多干扰层析效果。

第四章
猪病新型检测方法

一、数字PCR技术

数字PCR也叫digital PCR，是近几年发展起来的一种核酸定量分析技术，主要应用于疾病的早期检测（如新型冠状病毒）、基因突变检测、肿瘤早筛、胎儿疾病早筛，近期也逐步应用在猪病的检测方面（如污水、环境中的非洲猪瘟核酸检测）。数字PCR使得将存在于样品中的靶标核酸分子进行绝对定量成为可能，也解决了荧光定量PCR的缺陷。相较于传统荧光定量PCR（qPCR）来说，数字PCR对结果的判定不依赖于扩增曲线循环Ct值，不受扩增效率的影响，能够直接读出DNA的分子个数，能够对起始样本核酸分子绝对定量。

1. 数字PCR的基本原理

数字PCR基本原理是将一个核酸样本分成几十到几万份，然后再将其分配到平行的微粒中，使每个单元尽可能包含一个核酸分子（即DNA模板），每个单元都会对目标分子进行扩增，然后再对每个单元进行荧光信号的统计并计算，实现对靶标分子的绝对定量。相对而言，传统PCR或qPCR反应都是发生于同一体系当中，这也是数字PCR与其最大的区别（见图4-1）。目前数字PCR主要有两种形式，芯片式和液滴式。

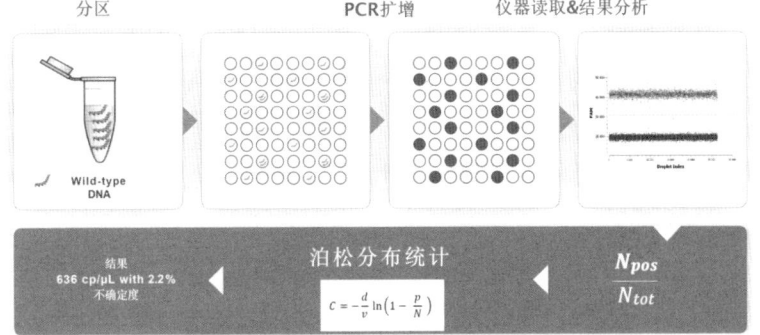

图4-1 数字PCR的原理示意

注：待测样品被分割成很多个独立的微粒，每个微粒含有很少甚至没有靶标序列。微粒内的靶标序列分布可以按照泊松分布统计。每个微粒都是独立的微PCR反应单元，含有扩增靶标序列的微粒通过荧光被检测出来。阳性微粒占微粒总数的比例可代表样品中靶标序列的浓度。

2. 数字PCR性能

常规PCR在反应结束时通过凝胶电泳分析扩增产物（终点PCR），并在荧光（染料）染色之后进行分析。qPCR和数字PCR使用相同的扩增试剂和荧光标记系统。与qPCR相比，数字PCR的核心区别在于检测靶标序列的方法不同。qPCR通过扩增阶段来监控反应，靶标的量取决于试验指数阶段的荧光信号。相反，数字PCR取决于检测终点荧光信号，通过阳性微滴与总微滴的占比反推靶标核酸的含量。数字PCR不依赖标准曲线，其敏感性理论上优于qPCR，因为它提供了执行样本分配的有效方法和单分子的目标扩增。但在实践中，qPCR因其高敏感性仍然可以在特定应用场景中胜过数字PCR。与qPCR相比，数字PCR极大地提高了PCR定量技术的灵敏度、准确性和精密度，也极大提升了对复杂样本的耐受程度（见图4-2、表4-1）。

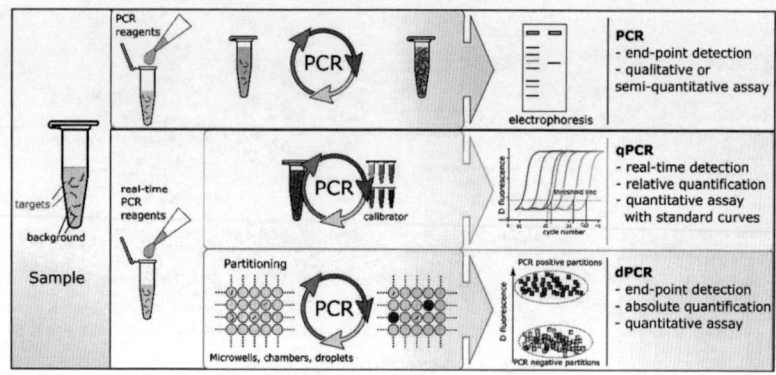

图4-2　数字PCR与PCR、qPCR对比

表4-1　数字PCR与qPCR性能对比

指标	qPCR	数字PCR
非洲猪瘟核酸	0.8拷贝/微升	10拷贝/微升
定量能力	相对定量	绝对定性
数据分析	容易，专门软件分析、给出扩增曲线和Ct值	容易，专门软件分析、给出拷贝数信息
检测费用	较低	较高
使用场所	PCR实验室	PCR实验室
技术劣势	不同厂家生产的试剂和设备之间的差异对检测结果影响较大，不具备可比性 存在背景值的影响，结果易产生偏差 低拷贝的DNA难以检测 受PCR抑制物的影响较大	因需要对反应体系进行拆分和分配，因而对模板量要求高，过多会导致无法定量，过少会导致信号过低 对引物的特异性要求高

3. 数字PCR在猪病检测中的应用

数字PCR技术对非洲猪瘟病毒的最低检测下限可达到0.8～2拷贝/微升，比qPCR灵敏度提升了100倍（见表4-2）。数字PCR强耐受抑制物，适用于污水、土壤中痕量的核酸检测，血液、粪便、食

品、土壤等样本中含有大量PCR反应的抑制物，数字PCR不受PCR抑制物的影响、不依赖标准曲线的优势，使其特别适合于这些复杂样本中基因表达的准确定量检测（见表4-3）。

表4-2　数字PCR和qPCR检测敏感性对比

模板：各加5微升	仪器1	仪器2	数字PCR试剂	qPCR（Ct值）
1（阴性对照）	0	0	0	—
2（参考品10^{-5}）	0	0	2.49拷贝	—
3（参考品10^{-4}）	0	0	4.77拷贝	—
4（参考品10^{-3}）	0	2.29拷贝	9.63拷贝	—
5（参考品10^{-2}）	54拷贝	38.91拷贝	40.66拷贝	34.46
6（参考品10^{-1}）	268拷贝	375拷贝	413拷贝	31.19
7（参考品原液：5×10^3拷贝/微升）	3 380拷贝	3 837拷贝	4 943拷贝	27.05
8（样本核酸）	586拷贝	841拷贝	1 006拷贝	29.51

表4-3　qPCR与数字PCR检测非洲猪瘟不同类型临床样本对比

样本类型	阴性对照	唾液1	唾液2	污水1	污水2	组织	全血
qPCR（Ct值）	—	36.57	34.23	—	—	36.86	32.25
数字PCR（拷贝）	—	4.68	36.63	144.72	6.19	13.72	132.07

综上，数字PCR检测平台具有高灵敏度、高特异性、高准确度、高精确度、可实现精确定量的优势，无须标准曲线，操作简便，结果准确可靠、重复性好，特别适合精准检测。

二、CRISPR/Cas核酸检测技术

2020年10月7日，万众瞩目的诺贝尔化学奖颁给了两位CRISPR/Cas基因编辑研究先驱，以CRISPR/Cas9为代表的基因编辑技术给动植物育种、生物医药等领域研究带来了革命性的变化。殊

不知，除了基因编辑以外，CRISPR/Cas介导的高效特异性分子诊断技术也打破传统技术局限，操作更加简便，给体外分子诊断领域带来了新一轮的技术革命。

1. CRISPR/Cas系统介绍

CRISPR/Cas系统最早在古细菌中发现，是古菌和细菌抵抗病毒及外源遗传物质入侵的一种获得性免疫系统。该系统包含CRISPR和Cas两个模块，其中CRISPR——clustered regularly interspaced short palindromic repeats，是成簇规律间隔短回文重复序列的缩写；Cas——CRISPR-associated，是与CRISPR一起作用的蛋白。当噬菌体感染细菌后，含有CRISPR系统的菌株会将噬菌体的部分基因组片段整合到CRISPR短回文序列区，并通过转录加工后形成成熟的crRNA（CRISPR RNA）。当同种噬菌体再次侵袭该细菌时，crRNA便与Cas蛋白形成复合物，复合物在crRNA引导下特异性识别噬菌体核酸并靶向性剪切、降解，从而达到免疫清除的效果。

CRISPR/Cas系统中crRNA与靶向DNA或RNA特异性识别结合的同时，引起Cas蛋白构象变化进而核酸酶活性激活，这一精准核酸靶向活性特点使其在核酸分子检测领域具有得天独厚的优势。在CRISPR发现的早期，Cas9即在分子诊断领域初露锋芒。而近几年Cas12、Cas13等非特异性活性的发现，更是让CRISPR分子诊断技术发展进入前所未有的发展阶段。

2. CRISPR/Cas9系统在核酸检测中的应用

作为开发应用最早的CRISPR系统，CRISPR/Cas9也最先应用于核酸分子检测研究。Cas9分子检测技术中有的仅仅利用其靶标分子特异性识别能力，如常用的dCas9（dead Cas9），核酸酶活性消失但仍然保留靶标核酸识别特性。将荧光素酶及辣根过氧化物酶等报告分子拆分两部分后分别与dCas9结合，然后在检测靶点附近设计两条特异性sgRNA，只有两个sgRNA/dCas9都识别并结合到靶点时，报告分子基团才聚合并发出信号。这种类似于ZFN或TALEN技术的设计将dCas9靶标识别结合信号转换成报告分子信号。此外，也有的Cas9分子检测技术在其核酸识别且发生剪切的基础上进一步与下游靶点扩增或分子开关结合，将靶点剪切信号分别转变为扩增产物信号或通过分子开关转换为下一级报告反应信号。

无论是否应用其核酸剪切活性，Cas9靶标识别结合的高度特异性及操作简便性大大超越目前常用的PCR方法。然而靶标特异性识别之后，如何进一步高效灵敏地转换或报告识别信号是分子诊断需解决的第二个问题。而在完成靶标识别之后，大量Cas9检测方法仍旧依赖传统信号放大报告体系，限制了其在分子诊断领域的大面积应用。

3. CRISPR/Cas12系统在核酸检测中的应用

继Cas13之后，来自Ⅴ型CRISPR/Cas系统的Cas12被发现同样具有非特异性剪切活性。与Cas13不同的是，Cas12是crRNA引导的DNA核酸切割酶，在结合靶标DNA之后，非特异性反式剪切其他单链或双链DNA。2018年4月，Cas12介导的核酸检测平台DETECTOR、HOMLES相继开发。由于Cas12的DNA靶向特性，检测体系中靶标核酸和探针均为DNA，与RNA靶向的Cas13相比，检测体系组分更加稳定。结合靶点RPA恒温扩增，DETECTOR荧光检测方法灵敏度亦可达1 aM。

4. CRISPR/Cas13系统在核酸检测中的应用

Cas13是crRNA引导的RNA核酸切割酶，属于Ⅵ型CRISPR/Cas蛋白。2016年，美国Broad研究所张锋团队和加州大学Jennifer Doudna团队几乎同时发现，Cas13/crRNA在与靶标RNA结合发生剪切的同时，也疯狂地剪切周围其他非靶向RNA，这一非特异的剪切活性被称为反式剪切活性（trans-cleavage activity）。

CRISPR/Cas13反式剪切活性的伟大发现正式吹响了CRISPR分子检测技术的竞争号角。

基于Cas13反式剪切活性，张锋团队于2017年首创SHERLOCK分子检测系统。该体系结合连接荧光与淬灭基团的小片段RNA探针分子，当检测体系中存在靶标核酸分子时，Cas13非特异性剪切活性激活，进而随机剪切探针分子释放荧光信号。SHERLOCK系统实现了将待检测靶标分子信号通过特异性识别和反式剪切活性转换放大为可检测荧光信号，在恒温条件下检测部分病毒的灵敏度低至1拷贝/微升，crRNA对靶标分子的单碱基识别特性使该系统甚至可以轻松鉴别同一病毒的不同亚型。当探针两端标记上不同的基团时（如生物素和荧光素），剪切后探针与胶体金免疫层析技术结合，便可建立更加便捷的测流纸条式检测系统，适合于野外等现场检测。

以SHERLOCK为代表的Cas13分子检测技术，开创性地摆脱对昂贵且操作复杂的RT-qPCR仪的依赖，达到与普通实时定量PCR相同甚至更高的检测灵敏度和特异性。基于Cas13核酸检测研究先后在全世界多个不同的实验室相继报道，分子诊断领域正悄悄迎来一场迅速且猛烈的变革。

5. CRISPR/Cas核酸检测技术的应用及发展前景

随着CRISPR/Cas新亚型不断发现，具有非特异性剪切活性的Cas蛋白也陆续被挖掘，其中酶活性较高的Cas13和Cas12亚型仍然是核酸检测技术平台的主力军，二者分别代表反式单链RNA和反式单链DNA切割活性。与传统PCR、RT-qPCR及核酸测序不同，新型CRISPR分子检测技术的特异准确性及操作简便性突破了目前现场快速检测领域一直未得到解决的关键难题。CRISPR分子检测技术的开发推广及应用尤其对畜禽养殖场等偏远场所动物传染性疾病的现场快速检测具有重要的现实意义。

目前，CRISPR核酸检测技术已经开始走出实验室，逐步迈向各个应用领域，甚至国内外都有相关商业化试剂盒问世。然而，从目前商业化的试剂盒及已报道的方法学来看，CRISPR核酸检测还需要联合其他信号放大系统，如靶点的预扩增等。而当过多引入其他反应体系时，体系之间难以避免产生互相干扰。如何实现不依赖扩增、更加快速灵敏的检测是目前CRISPR所面临的新挑战。

然而，任何一个新技术、新方法，不仅需要不断接受市场的考验，同时也需要相应上下游产业链的不断完善。与现有成熟RT-qPCR相比，CRISPR分子检测技术的特异性及便利性等优势也有待大面积的市场考验。随着越来越多高校、科研院所及企业从不同的角度投入CRISPR核酸检测技术应用开发，相信这一新型核酸检测技术将会更快走上市场服务社会，推动分子检测领域真正意义上的变革与创新。

三、其他分子生物学类诊断技术

分子生物学诊断主要是应用分子生物学方法检测生物体内遗传物质的结构或表达水平的变化而做出的诊断技术，可以从基因层次进行检测。分子生物学诊断主要是指针对编码与疾病相关的各种结构蛋白、酶、抗原抗体、免疫活性分子基因的检测。猪病诊断中采用的分子生物学诊断方法有很多，主要有PCR、环介导等温扩增、基因测序、荧光原位杂交、DNA印记技术核酸探针及生物芯片等。

1. 环介导等温扩增

环介导等温扩增其扩增原理是基于DNA在65℃左右处于动态平衡状态，任何一个引物向双链DNA的互补部位进行碱基配对延伸时，另一条链就会解离，变成单链，在此前提下利用4种不同的

特异性引物识别靶基因的6个特定区域，在链置换型DNA聚合酶的作用下，以外侧引物区段的3'末端为起点，与模板DNA互补序列配对，启动链置换DNA合成。

LAMP的优势主要有两方面：①扩增效率高，能够在1小时内有效地扩增1～10拷贝的目的基因，扩增效率是普通PCR的10～100倍；②反应时间短，特异性强，不需要特殊的设备。而LAMP的劣势有以下3点：①对引物的要求特别高；②扩增产物不能用于克隆测序，只能用于判断；③由于其敏感性强，特别容易形成气溶胶，造成假阳性影响检测结果。LAMP在应用于检测各种病原体的同时，现已逐步用于包括DNA病毒、RNA病毒、细菌和寄生虫等的定性和定量检测，如猪病检测中有非洲猪瘟病毒、伪狂犬病病毒、口蹄疫病毒、副溶血弧菌等，也可用于转基因食品的检测及动物胚胎性别鉴别等。

2. 基因测序

基因测序是直接获得核酸序列信息的唯一技术手段，是分子诊断技术的一项重要分支。虽然分子杂交、分子构象变异或定量PCR技术在近几年已得到了长足的发展，但其对于核酸的鉴定都仅仅停留在间接推断的假设上，因此对基于特定基因序列检测的分子诊断，基因测序仍是技术上的金标准。随着高通量测序技术应用拓展，基因测序技术将不断升级，也将进一步提高占比，成为未来肿瘤检测的主要技术。

第二代测序技术（next-generation sequencing，NGS）也叫高通量测序技术（high-throughput sequencing），以能一次并行对几十万到几百万条DNA分子进行序列测定和一般读长较短等为标志。第三代测序技术的核心理念是以单分子为目标的边合成边测序，单分子测序平台给测序技术带来新思路，部分已经开始商业化推广，但尚未达到NGS的规模。

3. 荧光原位杂交技术

荧光原位杂交（fluorescence in situ hybridization，FISH）是20世纪80年代末在放射性原位杂交技术基础上发展起来的一种非放射性分子生物学和细胞遗传学结合的新技术，是以荧光标记取代同位素标记而形成的一种新的原位杂交方法。FISH是一种重要的非放射性原位杂交技术，原理是利用报告分子（如生物素、地高辛等）标记核酸探针，然后将探针与染色体或DNA纤维切片上的靶DNA杂交，若两者同源互补，即可形成靶DNA与核酸探针的杂交体。此时可利用该报告分子与荧光素标记的特异亲和素之间的免疫化学反应，经荧光检测体系在镜下对DNA进行定性、定量或相对定位分析。

与其他原位杂交技术相比，FISH具有很多优点，主要体现在：①FISH不需要放射性同位素标记，更经济安全；②FISH的实验周期短，探针稳定性高，特异性好，定位准确，能迅速得到结果；③FISH通过多次免疫化学反应，使杂交信号增强，灵敏度提高，其灵敏度与放射性探针相当；④多色FISH通过在同一个核中显示不同的颜色可同时检测多种序列；⑤FISH既可以在玻片上显示中期染色体数量或结构的变化，也可以在悬液中显示间期染色体DNA的结构。

4. 核酸探针技术

核酸探针又称核酸杂交，利用核苷酸碱基互补的原理，用能特异性识别碱基序列（靶序列）的一段单链DNA（或RNA）分子做标记，与被测定的靶序列互补，以检测被测靶序列的技术。

核酸探针由于具有结构可变、合成简单和易于修饰等特点，被广泛应用于酶、蛋白质、生物小分子、金属离子、核酸及细胞等生物分析物的检测，成为生物分析领域中不可或缺的一种研究工具。基于核酸探针发展起来的核酸信号放大策略为检测低丰度的物质提

供了重要平台，提高了核酸探针检测的灵敏度，对于生物医学研究、分子诊断和药物基因组学至关重要。

5. 重组酶聚合酶扩增

重组酶聚合酶扩增技术是在多种酶和蛋白的参与下，在恒温条件下实现核酸指数扩增的技术，被称为是可以替代PCR的核酸检测技术。RPA技术主要依赖于三种酶：能结合单链核酸（寡核苷酸引物）的重组酶、单链DNA结合蛋白和链置换DNA聚合酶。这三种酶的混合物在常温下也有活性，最佳反应温度在37℃左右。

RPA的反应过程，首先是重组酶与引物结合，形成蛋白-DNA复合物。接着在双链DNA中寻找同源序列。一旦引物定位了同源序列，就会发生链交换反应形成并启动DNA合成，对模板上的目标区域进行指数式扩增。而被替换的DNA链与SSB（单链DNA结合蛋白）结合，防止进一步被替换。在这个体系中，由两个相对的引物起始一个合成事件。整个过程进行得非常快，一般可在十分钟之内获得可检出水平的扩增产物。

6. 生物芯片技术

生物芯片技术是通过微加工和微电子技术，在固相基质表面集成密集排列的分子微阵列，以实现对核酸、细胞、蛋白质、组织及其他生物分子进行高效、准确的检测。生物芯片技术的本质特征是将生命科学研究中的样品制备、生化反应及检测分析等过程实现连续化、集成化及微型化。生物芯片通常包括基因芯片和微流控芯片。

生物芯片技术以其高通量、高集成、微型化和自动化等特点被广泛应用于基因表达分析、基因突变和多态性分析、疫苗的研制、基因分型。它又被作为一种快速、准确、敏感的诊断方法应用于病毒性疾病的诊断，它可以同时检测多种病毒及同步检测多个样品。应用生物芯片技术可以快速、准确地对疾病做出早期诊断，从而能够及时有效地控制疫病的流行。

四、其他免疫学类诊断技术

免疫学诊断是应用免疫学的理论、技术和方法诊断各种疾病和测定免疫状态的技术，可以对抗原和抗体做出相应的检测。免疫诊断试剂在诊断试剂盒中品种最多，广泛应用于不同诊断场景。其中，免疫学诊断包括放射免疫、酶联免疫、化学发光等。酶联免疫试剂具有成本低、可大规模操作等特点；而化学发光试剂具有灵敏、快速、稳定、选择性强、重现性好、易于操作、方法灵活多样的优点。猪病免疫学类诊断包括凝集反应、沉淀反应、中和试验、补体结合试验及免疫标记、化学发光标记免疫、荧光偏振免疫等。

1. 凝集反应

凝集反应是一种血清学反应，是免疫血清学技术中最简单和方便的检测技术。颗粒性抗原，如完整的病原微生物或红细胞等，与相应抗体结合，在有电解质存在的条件下，经过一定时间，出现肉眼可见的凝集小块。参与凝集反应的抗原称为凝集原，抗体称为凝集素。凝集反应可分为直接凝集反应和间接凝集反应两类。

凝集试验用颗粒性抗原，有直接凝集试验和间接凝集试验之分，后者依据载体的不同有间接血凝试验、乳胶凝集试验等方法。用抗体致敏载体颗粒则称为反向间接凝集试验。

2. 沉淀反应

可溶性抗原（如细菌浸出液、外毒素、组织浸出液、动物血清等）与相应的抗体发生结合，在电解质的参与下，经过一定时间形成肉眼可见的沉淀物，称为沉淀反应。反应中的抗原称为沉淀原，抗体称为沉淀素。

环状沉淀反应在小口径试管（内径2～3毫米）内，先加入含已

知抗体的血清，然后沿管壁缓慢加入待检抗原，使之重叠于血清上面（勿使两者混合）。静置于室温数分钟后，两层液面交界处出现乳白色沉淀环，为阳性反应。沉淀试验的抗原可以是多糖、蛋白质、类脂等，抗原分子较小，单位体积内所含的量多，与抗体结合的总面积大，故在定量试验时，通常稀释抗原不宜过剩，并以抗原稀释度作为沉淀试验效价。沉淀试验可分为液相沉淀试验和固相沉淀试验，液相沉淀试验主要有环状沉淀试验和絮状沉淀试验等，以前者应用较多；固相沉淀试验有琼脂凝胶扩散试验和免疫电泳试验。

3. 中和试验

中和试验是在体外适当条件下孵育病毒与特异性抗体的混合物，使病毒与抗体相互反应，再将混合物接种到敏感的宿主体内，然后测定残存的病毒感染力的一种方法。病毒或毒素与相应的抗体结合后，失去对易感动物的致病力，谓之中和试验。凡是能与病毒结合，并使其失去感染力的抗体称为中和抗体。因为病毒要依赖于活的宿主系统复制增殖，因此，中和试验必须在敏感的动物体内（包括鸡胚）和细胞培养中进行。

中和试验的优点是敏感性和特异性高，中和抗体在体内存在时间长，大多数病毒的中和抗体与免疫力有直接关系。中和试验的缺点是要使用活的宿主系统，病毒对宿主系统产生作用需要一定的时间，因而出结果慢。中和试验应用范围主要包括：从待检血清中检出抗体，或从病料中检出病毒，从而诊断病毒性传染病；用抗毒素血清检查材料中的毒素或鉴定细菌的毒素类型；测定抗病毒血清或抗毒素效价；新分离病毒的鉴定和分型，中和试验不仅可在易感的实验动物体内进行，亦可在细胞培养上或鸡胚上进行。试验方法主要有简单定性试验、固定血清稀释病毒法、固定病毒稀释血清法和空斑减少法等。

4. 补体结合试验

补体结合试验（complement fixation test，CFT）是应用可溶性抗原，如蛋白质、多糖、类脂及病毒等，与相应抗体结合后，其抗原-抗体复合物可以结合补体，但这一反应肉眼不能察觉，如再加入致敏红细胞（溶血系统或称指示系统），即可根据是否出现溶血反应，判定反应系统中是否存在相应的抗原和抗体。参与CFT的抗体称为补体结合抗体。补体结合抗体主要为IgG和IgM，IgE和IgA通常不能结合补体。通常是利用已知抗原检测未知抗体。

CFT具有高度的特异性和一定的敏感性，是诊断人畜传染病常用的血清学诊断方法之一。不仅可用于诊断传染病，如结核、副结核、鼻疽、牛肺疫、马传染性贫血、乙型脑炎、布氏杆菌病、钩端螺旋体病、锥虫病等，也可用于鉴定病原体，如对流行性乙型脑炎病毒的鉴定和口蹄疫病毒的定型等。

5. 免疫标记技术

高敏感性的标记分子主要有酶、荧光素、放射性同位素3种，由此建立免疫酶技术、免疫荧光抗体技术和免疫胶体金技术。

（1）免疫酶技术

免疫酶技术也叫酶免疫测定，是通过酶标记抗体或抗原来检测抗原或抗体的方法，其应用范围极广。免疫酶技术是将抗原、抗体反应的特异性与酶的高效催化作用有机结合的一种方法。它以酶作为标记物，与抗体或抗原联结，与相应的抗原或抗体作用后，通过底物的颜色反应做抗原、抗体的定性和定量，亦可用于组织中抗原或抗体的定位研究，即酶免疫组织化学技术。

ELISA是应用最广、发展最快的一项免疫酶技术，它使抗原或抗体吸附于固相载体，使随后进行的抗原、抗体反应均在载体表面进行，从而简化了分离步骤，提高了灵敏度，既可检测抗原，也可检测抗体。

（2）免疫荧光抗体技术

免疫荧光抗体技术，是标记免疫技术中发展最早的一种。它是在免疫学、生物化学和显微镜技术的基础上建立起来的一项技术。是用荧光素对抗体或抗原进行标记，然后用荧光显微镜观察荧光以分析跟踪相应的抗原或抗体的方法。其中，最常用的是以荧光素标记抗体或抗原，用于检测相应的抗原或抗体。

采用荧光标记抗体而进行抗原定位的技术称为荧光抗体技术。用荧光抗体示踪或检查相应抗原的方法称为荧光抗体法；用已知的荧光抗原标记物示踪或检查相应抗体的方法称为荧光抗原法。某些病毒（如猪瘟病毒、猪圆环病毒）在细胞培养上不出现细胞病变，亦可应用免疫荧光作为病毒增殖的指征。应用间接免疫荧光染色法以检测血清中的病毒抗体，亦常作为诊断和流行病学调查之用，尤以IgM型抗体的检出可供早期诊断和作为近期感染的指征。

（3）免疫胶体金技术

免疫胶体金技术是以胶体金作为示踪标记物应用于抗原抗体的一种新型的免疫标记技术。胶体金是由氯金酸在还原剂如白磷、抗坏血酸、枸橼酸钠、鞣酸等作用下，聚合成为特定大小的金颗粒，并由于静电作用成为一种稳定的胶体状态，称为胶体金。

胶体金在弱碱环境下带负电荷，可与蛋白质分子的正电荷基团形成牢固的结合，由于这种结合是静电结合，所以不影响蛋白质的生物特性。胶体金除了与蛋白质结合以外，还可以与许多其他生物大分子结合。根据胶体金的一些物理性状，如高电子密度、颗粒大小、形状及颜色反应，加上结合物的免疫和生物学特性，因而使胶体金广泛地应用于免疫学、组织学、病理学和细胞生物学等领域。

6. 化学发光标记免疫分析

化学发光标记免疫分析又称化学发光免疫分析，是一种用化学发光剂直接标记抗原或抗体的免疫分析方法。化学发光免疫分析仪包含两个部分，即免疫反应系统和化学发光分析系统。化学发光分析系统是利用化学发光物质经催化剂的催化和氧化剂的氧化，形成一个激发态的中间体，当这种激发态中间体回到稳定的基态时，同时发射出光子，利用发光信号测量仪器测量光量子产额。免疫反应系统是将发光物质（在反应剂激发下生成激发态中间体）直接标记在抗原（化学发光免疫分析）或抗体（免疫化学发光分析）上，或酶作用于发光底物。

化学发光免疫分析与放射免疫分析、酶免疫分析等标记免疫技术相比，具有无放射性污染、灵敏度高和特异性强的特点，已被广泛应用于疫病流行病学调查、诊断、药物分析以及微生物检测等方面。近年来，化学发光免疫分析与新传感器技术、微流控芯片技术等的联用，磁性微粒子、金纳米粒子等新型材料的应用及新型反应增强剂和发光剂的出现，使得化学发光免疫分析的选择性、灵敏度、检测效率和检测通量都得到进一步提高，其正向着高特异性、高灵敏度、高通量和自动化检测的方向发展。

7. 荧光偏振免疫分析

荧光偏振免疫分析法（FPIA）是一种定量免疫分析技术，其基本原理是荧光物质经单一平面的蓝偏振光（485纳米）照射后，吸收光能跃入激发态，随后回复至基态，并发出单一平面的偏振荧光（525纳米）。FPIA具有多种优势，如无须洗涤操作，减少试剂用量；检测迅速，易于自动化，便于快速筛选；荧光标记抗原均一性好，稳定性高；不易受溶液颜色和仪器灵敏度变化等因素的影响，结果稳定。

应用FPIA对各种病原分析的技术越来越多。FPIA的速度确实非常快，大多数需要2～15分钟即可完成。重要的试验参数，如速度和灵敏度，不仅取决于抗体和示踪剂的质量，还取决于它们如何与病原相互作用。选择合适的抗体和示踪剂组合可以产生快速而敏

感的抗原。像其他免疫系统一样，FPIA会受到样本矩阵的影响。虽然FPIA非常简单，但技术的逻辑进展可使分析步骤自动化，以进一步提高易用性，减少与操作相关的变量使用，随着FPIA技术不断进步，FPIA检测方法可能会成为各种病原检测的主要技术之一。

第五章
常见猪病诊断技术平台比对及诊断产品选择

一、分子生物学诊断技术平台的优劣势

猪病分子生物学诊断技术有PCR（以荧光定量PCR为主）、LAMP、FISH、RPA、核酸探针和生物芯片等，不同技术平台都有自身的优势和劣势，本节梳理了常见猪病分子生物学诊断技术的优劣势，详见表5-1。

表5-1　常见猪病分子生物学诊断技术优劣势

平台	优势	劣势	常见猪病检测
PCR	灵敏度和特异性高；简便、快速	低浓度模板无法检出	大部分猪病都可以
LAMP	扩增效率高；反应时间短	易产生气溶胶，造成假阳性	非洲猪瘟、猪口蹄疫、猪伪狂犬病等
FISH	灵敏度高；应用范围广	步骤复杂；无法定量	猪支原体肺炎、猪瘟、猪痢疾（汉普森细螺旋体）等
RPA	特异性高；反应时间短	价格高；难以避免部分非特异性扩增	猪流行性腹泻、非洲猪瘟等
核酸探针	一次可检测大量样本	操作较为复杂	非洲猪瘟等
生物芯片	快速准确；敏感性高；同时检测多种病原	仪器和成本较高	猪瘟、猪繁殖与呼吸综合征和猪圆环病毒2型等

二、常见猪病分子生物学诊断产品的选择和比对

1. 明确试剂盒比对目的

通常我们选择分子生物学诊断试剂盒的目的是通过比对试验来选定性价比高的试剂盒，这往往不是单一因素选定的，第一，需要通过合理的比对试验来确定试剂盒的品质，包括敏感性、特异性、

稳定性等基本特性；第二，需要根据单位自身情况选定适合自身的试剂盒；第三，很多人往往会选择价格低廉的试剂盒，任何试剂盒的品控都是需要一系列流程的，没有投入品控成本的试剂盒稳定性很难保证，若没有选择好，后续风险是巨大的。因此，我们需要结合自身实际、试剂盒本身的优质性及综合成本等各方面因素选择分子生物学诊断试剂盒。

2. 明确实验材料、试剂盒和比对方案

实验材料不得直接选用某个厂家的一种或多种阳性对照物（阳性对照防止污染，往往可能只是一段较纯的蛋白或扩增片段），实验材料可以采取发病猪只病料或者环境材料，同时具备阳性或阴性的真实样品，而且这个检测结果应该用其他检测方法再检测一次，这样才能有效评估某个产品或试剂盒是否符合需求。实验材料是否准备充分对试剂盒比对结果影响很大，选用不佳的实验材料，无法真实评估试剂盒的真实水平。另外，试剂盒也要选用评价比较高且在行业内有一定知名度的生产厂家试剂盒，因为要确保质量、稳定性和产品各类性能良好，不同批次的检测可以有效评估试剂盒批间是否存在差异。要提前确定比对方案，是否有临床样本并且明确是否为单个病原，而不是有其他病原的混合样本，避免出现结果交叉的情况。

3. 科学合理地选择比对方法

最好是选择金标准方法或世界动物卫生组织（OIE）公认的方法来比对，客观选择，可以采用和临床症状符合及多种金标准确定的样本作为参照。假如用作比对的样本出现偏差，那么这种比对就可能不能够客观评价市场上流通的各种试剂盒的效果。如果对标方法选用不合适，则比较容易产生误判的现象，无法真实判定试剂盒的真实性能。

4. 数据结果和判定

分子生物学诊断可以用来诊断是否有某种疫病存在、基因是否发生变异等。分子生物学需要比对结果的灵敏度，比如在低浓度检测一般比高浓度会好。如PCR，假如我们把标准样品按梯度稀释不同倍数，某厂家试剂盒能在更高稀释倍数稳定检出，那么就可以说明该家试剂盒的灵敏度高。同时若某厂家试剂盒在不同批次都可以稳定在那个梯度，这说明稳定性也是不错的。无论是哪种分子生物学诊断方法，都会涉及低浓度或者临界值的检测，也就是试剂盒或技术的最低检测限，且不同平台的检测限是不同的。分子生物学结果判定结合临床症状，就能更加准确，在风险评估、疫病确定或者毒株分型等方面都可以有十分重要的应用价值。

三、猪病免疫学诊断技术平台的优劣势

猪病免疫学诊断技术有凝集试验、沉淀反应、CFT、中和试验、ELISA、斑点免疫渗滤试验（IFA）、放射免疫分析（RIA）、CLIA、FPIA等，不同技术平台都有自身的优势和劣势，本节梳理了常见猪病免疫学诊断技术的优劣势，详见表5-2。

表5-2　常见猪病免疫学诊断技术优劣势

平台	优势	劣势	常见猪病检测
凝集试验	灵敏度高、方法简便	无法准确定量	猪水疱病、猪传染性萎缩性鼻炎（支气管败血波氏杆菌）
沉淀反应	操作简单	敏感性低	猪水肿病
CFT	灵敏度高，特异性强	影响因素复杂；操作步骤烦琐	猪传染性胸膜肺炎（嗜血杆菌）、猪细小病毒病、猪鹦鹉热

平台	优势	劣势	常见猪病检测
中和试验	敏感性和特异性强	要使用活的宿主系统，时间较长	猪传染性胃肠炎、猪瘟
ELISA	敏感性和特异性强；实验设备要求简单；应用广	干扰因素较多	猪流行性腹泻（IgA抗体）、猪蓝耳病、猪伪狂犬病
IFA	操作简单；速度快	结果判定客观性不足	猪瘟、猪传染性胃肠炎等
RIA	灵敏度高、特异性强、精确度佳及样品用量少	存在放射性风险；费用高	猪水疱病、猪弓形体病等
CLIA	灵敏度高；特异性强	成本较高；试剂稳定性差	猪瘟、猪流行性腹泻（N蛋白抗体）、非洲猪瘟
FPIA	检测迅速；稳定性高	灵敏度低；检测范围小；价格高	猪布氏杆菌病等

四、常见猪病免疫学诊断产品选择和比对

1. 明确比对试剂盒类型

猪病免疫学类诊断试剂盒种类很多，不同样品类型（血液、乳汁）、不同检测方法（胶体金、免疫荧光、酶联免疫等）、不同疫病类型（病毒、细菌等）及检测抗体等，选用的试剂盒都是不一样的。使用者在比对之前最好先做好比对计划，确定本轮比对哪一种或哪几种试剂盒，根据确定的试剂盒和相关生产要求或资质，明确选择哪些生产厂家。最终，确定比对试剂盒的类型和盒数，保证能接收到不同批次的试剂盒。

2. 确保试剂盒的来源可靠

试剂盒样品最好是来源于市场或多个渠道，已经接受过市场的

层层考验，而非直接由生产公司送检。从市场上购买不同的2~3个批次试剂盒，这样能确保试剂盒来自厂商真实生产并在市场销售流通，另外也能有效避免某些公司购买行业其他产品替代，临时制作成"比对样品"，从而顺利进入大型养殖集团或某些机构。一般较优质的生产厂家，其产品长期在市面上稳定销售流通，能够通过不同渠道获取。另外，也可以采用特殊方式，从市面上和公司手中分别购买几个批次的试剂盒，测试批间符合率，也是选取试剂盒的方法之一。

3. 客观选择比对的实验材料和实验方案

针对抗体检测试剂盒建议选择免疫后不同时间采集的血清样品、自然感染样品、阴性样品进行验证，每组样品的数量不得少于10份。因此，为保证客观、公平、公正评估试剂盒的效果，建议选取来源不同的实验材料，能同时证明试剂盒的准确性、稳定性和敏感性等，有利于从众多试剂盒中寻找出品质优良的试剂盒，供其他使用者参考。

其实要选择合理的实验方案，可以考虑选用不同的免疫学诊断方法，例如，目前诊断猪伪狂犬病常用的血清学方法有血清中和试验、免疫标记、乳胶凝集试验、ELISA、琼脂免疫扩散试验、血凝与血凝抑制试验等，我们需要根据自身实验室条件选择合适的免疫学诊断方法。

4. 科学合理选择对标方法

在实际试剂盒比对方案中，部分人认为将国内试剂盒与国外试剂盒进行比对，符合率高则说明该试剂盒质量较好，其实这种比对方案是不符合基本原理的。正确方法应是选择金标准方法或OIE公认的方法来做比对，客观选择。本来做比对就是为了客观评价市场上流通的各种试剂盒的效果，如果对标方法未选用合适的，则会导致误判，无法判定试剂盒的真实性能。

5. 实验结果的统计学分析与公开

实验室在试剂盒比对试验中获得实验数据时，应采用合理的统计学分析方法，确保在科学实验下获得真实数据，能让结果更加合理。如与对标方法是否存在差异、p值如何等，不只是从直观数据中分析结果。最终结果应该公开，假如比对试验从方案制订及实施到最终结果收集分析等一系列过程都不存在问题，那么最终的结果是毋庸置疑的，做到过程和结果公开，不但能让企业了解自身与同行的差距，也更有利于促进企业良性发展。

6. 对比试剂盒的可持续性

实验结果的真实性是否可持续，这才是试剂盒比对试验的真实意义，避免质量存在差异，这需要定期检测，比如每个季度或每隔半年时间，从市场上再收集一次试剂盒做重复比对，如果能确保2～3次比对结果都较为一致，在某种程度上表明该试剂盒的稳定性好、更容易获得市场认可。然而，中小型养殖企业很难开展重复比对试验，但针对政府单位或大型养殖集团，尤其是认证某些产品及遴选优良试剂盒的比对试验，开展重复比对试验是非常重要的。

7. 科学比对，减少人为误差

科学比对实验，要做好实验方案、有足够的实验耗材，整个实验过程最好由同一个实验人员操作完成，这样有利于在操作过程中减少误差。每份试剂盒都有专门的操作说明书，仅用某一份说明书的方法使用其他试剂盒，这也是不可取的。同时，在实验过程中，往往部分实验室会随机选择一位检测员开展比对试验，由于动物诊断试剂盒容易受到多项操作的影响，若不熟练的检测员对产品不熟悉或某一个操作环节处理不当，实验结果也会偏差较大，从而会极大地影响某些试剂盒的真实性能。因此，在实验室比对过程中，若需要比对的试剂盒较多，无法一个人完成比对，应由专人完成某些步骤，确保所有试剂盒的操作都是在同等条件下完成，避免人为误差。

五、All in One诊断检测系统

1. 系统介绍

All in One诊断检测系统高效整合核酸提取和PCR扩增，仅需一次加样即可，加样后一管式全程密封，无污染风险，在一个反应体系中可以快速完成检测工作。

该系统主要由实时荧光定量PCR分析系统、掌上离心机、移液器及相应的试剂和耗材组成。PCR分析系统是一台双模块、2通道、16孔的实时荧光定量PCR仪，该系统可以同时检测16个样本，并且每个样本最多可以检测2个靶标，也就是能够做双重PCR。此外，该机器的不同模块可以独立操作，达到一机两用、方便快捷的效果。

2. 应用场景和样本覆盖范围

（1）系统应用场景

常用于异常猪、病死猪的快速、紧急检测，也可用于环境、人员、物资、车辆等风险监控，这类样品由于杂质多且病毒含量低，核酸提取对实验室污染很小，建议提取后再检测。对于猪场来说，检测环境样品可以提前判定不同区域的风险或者疫病扩散的区域，同时监测异常猪或者病死猪的话，又可以快速精准了解是否本场出现高致病性的传染病。

（2）样本覆盖范围

唾液、咽喉拭子和猪只血液等样本；场地、人员、物资、车辆等环境样品。

3. 系统优势

（1）操作简单

全程只需加样1次，简单易用，无须专业技术人员和实验

场地。

（2）全程密封无污染

PCR管加样后全程密封操作，无污染风险，无须专业负压实验室。

（3）出结果快速

从样品进到结果出，整个机器检测所需时间仅50分钟，快速省时省钱省力，有利于现场快速检测。

（4）结果准确可靠

经过临床多次现场对比，该系统运作十分稳定，能够符合中小猪场检测全部需求。

4. 操作流程及注意事项

（1）采样

猪只采样，需要用棉签或棉拭子采集异常猪只的血液、咽喉拭子（长棉拭子）或者唾液样品装入采样管中，注意做好猪只症状和栏号等标记。环境采样，根据不同场地和物资等，采用棉签或者纱布等采样工具将物体表面脏污洗脱在采样管中。另外，要十分注意采样过程中的交叉污染和确保采集样本的准确性，切勿将所有样本混合，否则检测就失去了精准意义。

（2）加样、混匀并离心

将采集的样品用移液器取样2微升加入预分装好试剂的PCR管中，充分混匀，再瞬时离心。

（3）上机扩增

荧光定量PCR仪开机，将离心好的PCR管放入，新建实验，可以根据样品的多少选择A槽还是B槽，点击开始，待时间结束之后，根据说明书判读结果。

第六章
检测数据分析

检测不是目的，对检测结果进行综合分析后给猪场确切的指导才是最终目的。对检测结果的数据分析，可以指导猪场进行拔牙清除、疾病诊断、对症治疗、疫病净化、免疫程序制定、加强生物安全措施、引种配怀等生产活动。本章将围绕以上问题进行阐述。

一、PCR的对照种类

PCR检测是一个系统工程，样本采集、样品运输、样本处理、核酸提取、核酸扩增、结果读取等每个环节都会影响实验室的检测结果。是否有一种形式或方法可以告诉检测人员在这个过程中操作是没有问题的，结果是可信的。当然有，那就是对照的引入。引入对照的目的就是对检测各个环节进行监控。PCR的对照种类常见的有以下几种。

1. 阳性对照和阴性对照

阳性对照和阴性对照是指已知背景的阳性样本和阴性样本，也称为阳性质控品和阴性质控品，其和待检样本进行相同条件的处理、提取和扩增。阴、阳性对照强调处理过程与样品一致，可以监测从样本处理到扩增这一过程，并且有明确的预期结果。实验室可以采用自行留存的已知背景的样本作为阴、阳性质控品，也可以采用国家标准品（有证标准物质）作为质控品，前者可以自行制备，无须费用，但可能会面临样本不均一、样本不稳定容易降解的问题；后者需要外购，但优点是样本均匀性好、稳定，病毒浓度具体且可以持续不断获得。

2. 扩增对照

扩增对照其实就是试剂盒的免提取的阴性对照和阳性对照，扩增对照只能监控每次扩增过程中的扩增系统是否正常，不能监控采样、提取和每份样品的操作过程。如果是检测RNA样品的检测试剂盒，其扩增阳性对照使用质粒，便无法监控反转录过程。

3. 内标

内标是指在同一反应管中与目的基因共同扩增的一段非靶序列分子。如果是单基因与内标一起扩增，即为双重PCR；双基因与内标一起扩增，即为三重PCR。内标有两种形式，一种是天然样品中自然存在的内参基因作为内标，另一种是人工添加的内标。内标的最大特点是与目的基因序列共同扩增，而其他的对照都是独立扩增。

（1）内参基因

内参基因是组织和细胞水平上表达相对稳定的一类基因。猪的内参基因包括次黄嘌呤–鸟嘌呤磷酸核苷转移酶1（HGPRT1）、核糖体蛋白L4（RPL4）、琥珀酸脱氢酶（亚基A）（SDHA）、TATA结合蛋白1（TBPJ）和肌动蛋白（β–actin）等。内参基因的优点是与样品中的靶基因经历完全相同的处理程序，可以监控采样、运输、核酸提取和扩增的全部过程。缺点是不同组织中的内参基因存在一定的差异。如果样品类型是口腔液、咽拭子等，内参基因的量很低可能导致实验不成立。如果检测的是环境样品则内参基因可能完全失效。

（2）人工内标

人工内标也分为两种，一种是将人工内标直接添加在反应液中与模板一起扩增，但是这样的内标不能监控采样、运输和核酸提取的过程。另一种人工内标是使用人工合成的假病毒，在核酸提取前在每一份样品中加入等量的内标，这样就可以监控样品从提取到扩增的过程。但是由于是人工添加到样品中，仍然不能监控细胞内细菌、病毒的释放情况。

4. 空白对照

空白对照含有引物探针和反应液，不添加阴性模板或阳性模

板，主要监控引物探针反应体系有没有被污染。

PCR检测内标种类繁多，各有优势。PCR技术要求检测时设置阴、阳性对照（扩增对照），但对阴、阳性质控品没有要求，在此强烈建议检测时同时带上阴性质控品和阳性质控品，特别是阴性质控品，条件允许时阴性质控品可以添加3个，分别穿插到样本当中更好地监控从样本提取到扩增是否存在污染。至于是否设置内标要根据试剂盒特点，目前国内试剂盒含内标的较少，国外品牌较多。

二、ELISA的对照种类

1. 阳性对照和阴性对照

阳性对照和阴性对照指试剂盒附带的对照，是试剂盒的组成部分，在ELISA操作过程中与待测样本一起经历孵育、洗涤、加酶标抗体、显色、读数等步骤，可以监控试剂盒的反应体系是否正常，操作过程是否正确。缺点是无法监控采样、样本处理步骤。

2. 阳性质控品和阴性质控品

阳性质控品和阴性质控品是指已知背景的阳性样本和阴性样本，将质控品穿插在样本中，和待检样本进行相同条件的处理、检测，可以监控样本检测整个过程，以及检测样本的顺序是否正确。实验室可以采用自行留存的已知背景的样本作为阴、阳性质控品，也可以通过外购获得。前者可以自行制备，无须费用，但可能会面临样本不均一、样本不稳定容易降解的问题；后者需要外购，但优点是样本均匀性好、稳定。

与PCR技术一样，ELISA阴性对照和阳性对照是检测过程中必须设置的，阴性质控品和阳性质控品是实验室自行选择的，在此也强烈建议检测时带上质控品参与检测，对结果分析更有帮助。

三、PCR结果解读

疾病是制约生猪产业发展的主要因素之一，正确对猪病做出诊断，有助于做出正确的决策，保障猪场安全，保证猪场效益。目前荧光PCR技术是猪病检测的主流技术，但对于PCR结果的解读方面，不少养殖场实验室存在困惑。

PCR实验结束后，首先应该判断阴性对照、阳性对照是否成立，阴、阳性质控品是否成立，若成立，再进行样品的判定。以使用某厂家猪瘟荧光PCR为案例，此试剂盒分三种情况进行判定（图6-1）。

> 2 判定
> 2.1 合理调整阈值线，不同仪器可根据仪器噪声情况进行调整
> 2.2 试剂盒有效性判定
> ·阴性对照：无Ct值，线形为直线或微斜，无明显指数增长。
> ·阳性对照：Ct值≤30，有明显指数增长，呈典型的"S"形曲线。
> 2.3 样本结果判定
> ·样本检测结果Ct值≤38，有明显指数增长，判定为阳性，表明样本中检测出高致病性猪瘟病毒。
> ·样本检测结果38＜Ct≤45，判定为可疑。应对样本进行复测，若复测结果Ct值仍为40～45，有明显指数增长，则判定为阳性，否则为阴性。
> ·样本检测结果无Ct值，判定为阴性，表明样本中未检测出高致病性猪瘟病毒。

图6-1　常见PCR试剂盒结果判定

（1）样本检测结果Ct值≤38，有明显指数增长，判定为阳性，表明样本中检测出高致病性猪瘟病毒。结果直接判断为阳性，代表样本中含有猪瘟病毒核酸，该病毒核酸可能是完整的DNA/RNA分子，也可能是部分核酸片段。Ct值越低，病毒载量越高。

（2）样本检测结果38＜Ct≤45，判定为可疑。应对样本进行复测，若复测结果Ct值仍为40～45，有明显指数增长，则判定为阳

性，否则为阴性。

（3）样本检测结果无Ct值，判定为阴性，表明样本中未检测出高致病性猪瘟病毒。

还有一些情况经常困扰基层人员，涉及的问题有：Ct值很弱，要不要复检？复检的时候要不要重新采样？核酸检测阳性，猪只又没有表现出异常要如何处理？

（1）Ct值很弱，Ct值如果为38＜Ct≤45，判定为可疑，应进行复核。PCR是高灵敏度的技术方法，需要复核排除污染或干扰导致的假阳性。

（2）复检的时候要不要重新采样？最好是一方面对原样重新提取核酸检测，另一方面可以重新采样，综合起来进行判断（表6-1）。

表6-1　复核检验情况分析

类别	原样	重新采样	判定	备注
复检情况1	-	+	+	可能存在泊松分布，即病毒载量低，二次复核时没有吸取到目标基因
复检情况2	-	-		
复检情况3	+	-	-	应进行污染排除
复检情况4	+	+	+	

（3）核酸检测阳性，猪只又没有表现出异常如何处理？以非洲猪瘟为例，猪只感染病毒后，可以表现为有症状感染和无症状感染。无症状感染猪只日常表现没有任何异常，但在咽部和鼻腔中可以检测到病毒核酸的存在。因此，如果两次不同时间点采样核酸检测均为阳性，则可判定为阳性。

四、ELISA结果解读

为了解猪场内重大疾病免疫水平或感染状态，及时发现疫病风险，为重大疫病的预警、防控提供理论依据，更好地指导养猪生产，猪场通常会定期开展抗体检测。ELISA抗体结果通常用阴阳性表示，阴性代表猪只体内不含有相应抗体，阳性代表含有相应抗体。对于整个群体，我们可以从抗体阳性率、离散度、抗体水平分布、抗体滴度变化趋势进行分析。

抗体阳性率是指阳性个体占待测群体的比例。按照《国家动物疫病强制免疫指导意见（2022—2025年）》，强制免疫的阳性率应达到70%以上。

离散度反映的是猪只抗体水平的差异程度。离散度越高，数据越集中、越整齐；离散度越低代表数据越分散。免疫抗体离散度偏高，说明猪群中个体猪只的抗体水平存在一定的差异，可能是猪只的抗病能力不一，对疫苗的反应不同，或者是受到野毒感染抗体水平明显升高。离散度一般控制在50%以内。

抗体水平分布是指某个区间阻断率（或S/P值、PP值等）内猪群所占比例。抗体水平越高越具有保护力（野毒感染抗体反之）。免疫后猪只抗体需要达到一定水平才具有保护力。广东省《规模养殖场动物疫病强制免疫效果监测评价方案》的通知中规定，猪O型口蹄疫抗体效价需要≥1∶64才具有保护力。

抗体滴度变化趋势可以提示猪场猪群的抗体水平高低，以便及时采取相应措施。

以100头母猪存栏的小型养殖场为例，对猪场内公猪、仔猪、育肥猪、母猪进行检测，每个群体随机抽取10头检测蓝耳病抗体水平。另外，对从出生到100天内的仔猪进行抗体水平连续跟踪监测，

以期指导蓝耳病免疫程序的制定。采用包被蛋白为N蛋白的猪繁殖与呼吸综合征病毒ELISA试剂盒，该试剂盒S/P值≥0.4为阳性，小于0.4为阴性。公猪、仔猪、育肥猪、母猪群体监测结果如表6-2所示。

表6-2　公猪、仔猪、育肥猪、母猪群体监测结果

猪群	S/P平均值	阳性率/%	离散度
公猪	0.83	90	43.27
仔猪	0.83	50	111.59
育肥猪	1.39	100	18.71
母猪	1.19	100	27.00

（1）公猪群体阳性率为90%，S/P平均值为0.83，离散度小于50，整体表现良好，蓝耳病毒感染压力不大。

（2）仔猪群体阳性率为50%，整体偏低，S/P平均值为0.83，但离散度相当高，整齐度差，S/P值大部分在0.5以下，个别仔猪S/P值达到2.5。蓝耳病毒感染压力较大。

（3）育肥猪群和母猪群阳性率为100%，S/P平均值均大于1，离散度均小于50，整体表现优秀，蓝耳病毒感染压力不大。

从上述案例可见，猪场应定期或不定期开展抗体水平监测，了解猪群的抗体水平分布、变化走势，可以预警疾病发生，指导免疫程序制定、生产活动的调整。

五、PCR污染及解决方案

PCR的灵敏度非常高，容易产生假阳性，因此在结果解读时要排除污染因素后再进行判断。PCR的污染来源主要有几个方面：外源性污染，包括实验室的送风系统、物料的外包装、实验室的工作鞋和工作服；样本的交叉污染，包括样品采集过程污染、样品预处理时污染、样品提取污染、加样操作导致的污染、高压样品槽污

染；PCR产物处理不当，如意外开盖或爆管、处置不当导致扩增产物泄漏；清洗消毒不彻底、不到位。

1. PCR污染表现形式及应对措施

从PCR的实验结果看，污染类型可分为三种情况。

（1）阴性对照不成立、阳性对照成立、样本有阴有阳

此种情况有可能是阴性模板受到了污染，可设置空白对照和添加阴性对照，比较两者的结果，若添加阴性模板有扩增曲线而空白对照成立，则应更换阴性模板；否则，应再从加样环境（生物安全柜）、加样器、耗材和加样过程中查找原因。

（2）阴性对照、全部样本扩增结果均为阳性

此种情况最大可能是试剂受到了污染，建议对试剂进行验证，将反应体系配制好后上机检测（不添加阴性模板），如果空白对照不成立，则说明是试剂发生了污染，应更换试剂，否则应寻找其他原因。需要从环境或设备、加样、耗材等步骤逐一查找原因（图6-2）。

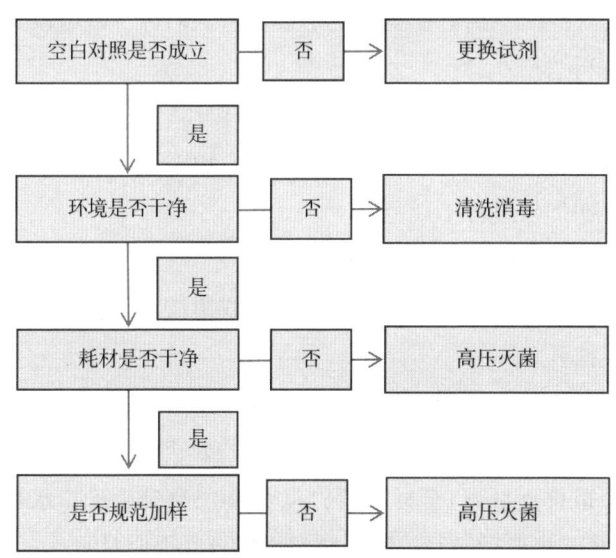

图6-2 核酸实验室污染排除思路

（3）阴性对照和阳性对照成立，样本有阴有阳

实际上有些被检样品已经被污染，这种情况最难被发现。这种污染可能是在处理、提取或加样环节中强阳性样品污染阴性样本，或者是加样环境带来的污染。防止此类污染需要实验室管理、检测过程、清洁消毒全部做好把控。从这里也可以看出设置阴性质控品的重要性，样本较多时可以设置几个阴性质控品穿插在样本中。

2. 常见污染源排除方法

（1）排除阴性对照污染

设置空白对照和添加阴性对照，比较二者的结果。若二者相符，则阴性对照未被污染。若添加阴性对照有扩增，则重取一支新阴性对照，对其分装，一次性使用。

（2）排除生物安全柜污染

最简便的是在生物安全柜左右两端放置2个PCR管，按正常工作状态开启通风功能，但关闭日光灯，30分钟后直接进行荧光PCR。若有扩增，则对生物安全柜进行清洁消毒。也可以采用空气收集法进行监控。

（3）验证阳性样本是否污染阴性对照

加标本过程中设置2个标本间、1个空白对照。若空白对照为阳性，则证明加样过程不规范。

（4）环境或设备排除方法

空气监控主要有空气沉降法和空气收集法，设备防污染主要是表面擦拭法。

空气沉降法：试剂打开盖子在空气中暴露30分钟，试剂可放在冰盒上。同时设备不开盖子作为对照。若要达到更长时间的收集，则在每个取样点放置1个样本管，每管加0.5毫升生理盐水暴露放置1小时，核酸提取后进行检测。同时设置核酸提取对照。

空气收集法：将6～8层纱布（30厘米×30厘米）用PCR级水或

无核酸残留的纯净水浸润，打开风机，将其放在出风口5～10分钟后取出。将纱布放在带盖的塑料离心管内，涡旋振荡10～15 秒，洗脱纱布上捕获的核酸。

表面擦拭法：在2毫升离心管中加入1毫升无菌去离子水，使用无菌植绒拭子，蘸取去离子水，分别对需要取样的部位进行滚动式采样，将已采样的拭子放入试管内，反复刷洗，沿管壁尽量将拭子挤干，丢弃拭子，将拭子洗脱液进行核酸提取，然后上机检测，同时设置核酸提取对照。

通过排除法寻找污染源的时间成本较高，如果实验不成立，建议直接复核一遍。如果实验仍然不成立可以排除最可能的一两个因素（这需要依靠经验丰富的检测人员），如果污染仍然存在，建议对所用耗材、环境、设备进行消毒灭菌后再安排实验。

防止PCR污染是一个系统工程，可以通过以下几点减少PCR的污染。

①合理的实验室布局、严格的工作流程，这是PCR实验室能够正常运转的必要条件之一。

②定时进行环境监控，保证环境设备清洁干净。

③采用有UNG酶防污染系统的试剂盒，UNG酶可以消化PCR产物中含有U碱基的尿嘧啶糖苷键，形成有缺失碱基的DNA链，DNA在碱性介质及高温下进一步水解断裂，从而无法进入扩增循环。

④同一检测项目多种不同品牌商家的PCR试剂盒交替使用。不同商家针对靶基因设计的引物探针序列是不一样的，因此扩增产物也不一样，A厂家试剂盒无法扩增出以B厂家PCR产物为模板的片段。可以通过交替使用试剂盒降低污染概率。

参 考 文 献

蔡宝祥，2001．家畜传染病学［M］．北京：中国农业出版社．

陈红英，王月颖，傅思武．2019．抗生素在养殖业中的应用现状［J］．现代畜牧科技（5）：1-3．

代芳平，2022．现代生物技术在猪病诊断和防治中的应用［J］．中国畜禽种业，18（1）：146-147．

冯志林，2018．药敏试验对生猪疾病预防与治疗的作用［J］．农业开发与装备（12）：239．

贾丽萍，2020．ELISA技术在畜牧养殖业中的应用进展［J］．中国动物保健，22（12）：65-66．

李金明，2016．实时荧光PCR技术［M］．北京：科学出版社．

李天增，王遵宝，王华龙，等，2022．3种不同类型佐剂的猪瘟E2基因工程亚单位疫苗免疫效果的比较研究［J］．畜牧与兽医，54（3）：79-82．

李颖平，2016．间接免疫荧光抗体技术检测猪肺炎支原体［J］．山西农业科学，44（11）：1702-1703．

梁福枝，2021．一株猪多杀性巴氏杆菌分离鉴定［J］．畜牧兽医科学，15（5）：11-12．

刘道华，汪天平，2021．弓形虫病分子生物学诊断方法的研究进展［J］．热带病与寄生虫学，19（2）：107-111．

马祥，戴镜红，王长年，等，2020．兽医PCR实验室的污染控制策略［J］．广东畜牧兽医科技，45（3）：20-23．

邱立平，陈柏仔，周道，2020．株洲地区某规模化猪场猪瘟与蓝耳病抗体检测结果与分析［J］．畜牧兽医科技信息（10）：39-40．

王明艳，朱亚丽，张广智，等，2019．浅谈兽用抗生素应用现状及益生菌的替代潜能［J］．现代畜牧兽医（7）：36-39．

王亚书，王欣宇，李昱洁，等，2019．养殖业抗生素的使用及其危害［J］．吉林畜牧兽医（9）：61-63．

温丽姝，2018．仔猪黄白痢流行原因及防治措施思考［J］．中国畜禽种业，14（6）：70．

肖璐，邬旭龙，王印，等，2015．环介导等温扩增技术及其应用［J］．动物医学进展，36（7）：113-117．

徐黎晖，彭忠，赵婷婷，等，2017．猪伪狂犬病毒直接免疫荧光检测方法的建立及初步应用［J］．中国预防兽医学报，39（12）：993-997．

严礼，宋晟，张继红，等，2020．非洲猪瘟病毒微滴式数字PCR检测方法的建立与应用［J］．激光生物学报，29（4）：344-351.

晏云涛，赵汝，苗淑淑，等，2018．猪源大肠埃希菌药敏试验及耐药基因检测［J］．动物医学进展，39（7）：42-46.

李雨芮，刘晓雅，张文劲，等，2021．免疫层析技术及应用的研究进展［J］．中国兽医学报，41（1）：192-198.

袁易，王铭杰，张欣欣，2016．第三代测序技术的主要特点及其在病毒基因组研究中的应用［J］．微生物与感染，11（6）：380-384.

原霖，董浩，倪建强，等，2019．非洲猪瘟病毒微滴数字PCR检测方法的建立［J］．畜牧与兽医，51（7）：81-84.

岳阳，张哲，徐忠，等，2018．基于单核苷酸多态性鉴别小梅山猪及其制品［J］．农业生物技术学报，26（12）：2168-2175.

张军梅，李瑞，陈晓倩，等，2021．多房棘球绦虫主要卵抗原重组蛋白的制备及其在免疫诊断中的初步应用［J］．中国兽医科学，51（5）：588-593.

张昆丽，李春玲，2020．副猪嗜血杆菌病研究进展［J］．广东农业科学，47（12）：166-174.

张萍，周玉成，程悦宁，等，2019．荧光偏振免疫分析技术在病原检测中的应用研究进展［J］．特产研究，41（2）：96-99.

张璞，陈建凯，吴浩平，等，2022．猪瘟病毒抗体检测方法的研究进展［J］．广东畜牧兽医科技，47（2）：58-62.

赵协，安利民，高沙沙，等，2020．化学发光免疫分析技术在动物疫病检测中的应用［J］．中国动物检疫，37（8）：82-87.

郑凯文，黄晓园，陈渡波，等，2020．基于多重PCR和第二代高通量测序技术快速检测下呼吸道感染病原微生物方法的建立和应用［J］．国际检验医学杂志，41（17）：2066-2070.

周孝明，张延涛，2021．胶体金免疫层析技术在动物疫病诊断中的应用［J］．畜牧兽医科技信息（3）：56.

ABUDAYYEH O O, GOOTENBERG J S, KONERMANN S, et al, 2016. C2c2 is a single-component programmable RNA-guided RNA-targeting CRISPR effector［J］．Science, 353（6299）：5573.

ARIZTI-SANZ J, FREIJE C A, STANTON A C, et al, 2020. Streamlined inactivation, amplification, and Cas13-based detection of SARS-CoV-2［J］．Nature Communications, 11（1）：5921.

BAI J, LIN H, LI H, et al, 2019. Cas12a-Based On-Site and Rapid Nucleic Acid Detection of African Swine Fever［J］．Frontiers in Microbiology, 10：20-26.

CHEN J S, MA E, HARRINGTON L B, et al, 2018. CRISPR-Cas12a target binding unleashes indiscriminate single-stranded DNase activity［J］．

Science, 360（6387）：436–439.

EAST–SELETSKY A, O' CONNELL M R, KNIGHT S C, et al, 2016. Two distinct RNase activities of CRISPR–C2c2 enable guide–RNA processing and RNA detection [J]. Nature, 538（7624）：2700–2733.

GOOTENBERG J S, ABUDAYYEH O O, LEE J W, et al, 2017. Nucleic acid detection with CRISPR–Cas13a/C2c2 [J]. Science, 356（6336）：438–442.

HE C, LIN C, MO G, et al, 2022. Rapid and accurate detection of SARS–CoV–2 mutations using a Cas12a–based sensing platform [J]. Biosensors and Bioelectronics, 198：113857.

HILLE F, RICHTER H, WONG S P, et al, 2018. The Biology of CRISPR–Cas：Backward and Forward [J]. Cell, 172（6）：1239–1259.

HUANG M, ZHOU X, WANG H, et al, 2018. Clustered Regularly Interspaced Short Palindromic Repeats/Cas9 Triggered Isothermal Amplification for Site-Specific Nucleic Acid Detection [J]. Analytical chemistry, 90（3）：2193–2200.

LI S Y, CHENG Q X, LIU J K, et al, 2018. CRISPR–Cas12a has both cis– and trans–cleavage activities on single–stranded DNA [J]. Cell Research, 28（4）：491–493.

LU S, TONG X, HAN Y, et al. Fast and sensitive detection of SARS–CoV–2 RNA using suboptimal protospacer adjacent motifs for Cas12a [J]. Nature Biomedical Engineering, 2022, 6（3）：286–297.

PARDEE K, GREEN A A, TAKAHASHI M K, et al, 2016. Rapid, Low–Cost Detection of Zika Virus Using Programmable Biomolecular Components [J]. Cell, 165（5）：1255–1266.

VELMURUGAN B, DEVARAJ STEPHEN L, KARTHIKEYAN S, et al, 2022. Biomolecular changes in gills of Gambusia affinis studied using two dimensional correlation infrared spectroscopy coupled with chemometric analysis [J]. Journal of Molecular Structure, 17：1262.

ZHANG Y, QIAN L, WEI W, et al, 2017. Paired Design of dCas9 as a Systematic Platform for the Detection of Featured Nucleic Acid Sequences in Pathogenic Strains [J]. ACS Synthetic Biology, 6（2）：211–216.

附录：中小猪场检测关注的问题与回答

1. 关于检测实验室

问题1：兽医检测实验室能创造什么价值？

回答：目前实验室检测普遍被应用在疾病的确诊和疫苗效果的评估。

①疫苗免疫程序的评估。免疫效果的优劣受诸多因素影响，不恰当的免疫会使疫苗不能发挥功效，如母源抗体干扰、疫苗之间的干扰等，有可能使得猪群在较长的时间段内处于没有免疫保护的状态中，容易造成疾病的传播和暴发。实验室检测可以通过抗体水平检测评估猪场的免疫程序是否合理，及时做出调整。

②疾病的确诊与对症下药。目前临床上由单一病原引起疾病越来越少，大多数为混合感染，临床剖检诊断难度很大，很容易造成误诊。一些引起免疫抑制的疾病例如圆环病毒病、蓝耳病等会继发其他疾病而出现其他疾病的症状，若按临床症状治疗即是治标不治本，这时实验室检测就可以做到病原确诊，对症下药。

③疾病刚发生时立即检测尽早干预，节省送样检测等待结果的时间，尽快采取紧急免疫或隔离措施，将疾病暴发终止在萌芽状态，确保猪群稳定。

④建立合理的用苗用药机制，通过检测给猪场提供用药用苗的剂量和种类的参考。

问题2：猪场一般需要进行哪些疫病的检测，什么时候检测？

回答：非洲猪瘟抗原抗体检测是目前猪场检测的首要任务，建议每周开展一次。此外，猪瘟、蓝耳病等主要疫病每个季度普检一次，猪伪狂犬病可以半年检测一次。若抗体水平一直保持较为一致的水平，在后备猪并群时可以考虑抽样检测。猪发病时一般不进行抗体检测，要对病原进行检测，但若是没有免疫相关的疫苗，也可用抗体检测来评估猪群某种疫病的感染情况，如非洲猪瘟抗体检测。

问题3：猪场自建的实验室的检测结果能否具有法律效力？

回答：除了获得国家批准证书的实验室外，其他检测单位的检测结果不具有法律效力，仅用于平时生产上的参考。

2. 免疫学（抗体）检测

问题4：使用胶体金试纸条检测时无质控线（C线）是什么原因？

回答：胶体金试纸条因其操作方便，特别适用于现场的快速检测。但也因为所用的样品类型比较复杂，检测人员操作较为随意，往往会在现场检测时出现状况。最常见的就是试纸条没有出质控线的情况。原因一般有两个方面：样品太黏或杂质太多导致堵膜，液体不能向前层析，这时在判读窗口看不到液体或看到液体但长时间不流动；样品或样品稀释液加入过多，试纸条是一个载体，液体过多会导致过载，有效的胶体金成分渗漏，这使得在窗口中只看到透明的液体流动，观察不到酒红色的胶体金。解决措施：检测人员严格按照说明书进行操作，对样品静置沉淀杂质或加入规定体积的样品。

问题5：如何利用实验室手段进行猪瘟净化？

回答：我国猪瘟疫苗免疫效果优秀，猪瘟净化的时机逐渐成熟。可通过核酸和抗体检测的实验室检测手段来获取猪群带毒猪和猪群猪瘟免疫情况。当检测猪群猪瘟抗体阴性猪大于10%时，暂缓净化计划。由于猪瘟抗体阴性猪大于10%时，说明由外因（发病、疫苗质量、免疫程序等）造成免疫失败的可能很高，建议查清阴性猪比例过高的原因。再次接种免疫，降低阴性比例再进行净化。此外，目前猪瘟E2亚单位疫苗和E0（E^{rns}）抗体检测试剂盒的成功研制也为猪瘟的净化提供了有力的工具。

问题6：如何利用实验室手段进行伪狂犬净化？

回答：目前使用的伪狂犬病病毒疫苗一般为gE基因缺失疫苗，若猪只本身没有感染伪狂犬野毒，使用疫苗免疫后应具有gB抗体而不具有gE抗体，即可通过伪狂犬病病原或gE抗体的检测判断猪只是否感染过伪狂犬病。基于这种原理，猪场可以通过检测和加强免疫进行伪狂犬病的净化：对猪群进行伪狂犬病病原和gE、gB抗体的检测；减少猪群刺激，隔离感染动物；加强猪群免疫，注重后备种猪群和仔猪的免疫，抑制带毒猪群散毒；当带毒猪数量下降到一定比例，通过检测淘汰所有阳性动物。

问题7：如何利用实验室检测数据确定仔猪的首免日龄？

回答：新生仔猪从母体胎盘或初乳中获得由产仔母猪产生的抵抗某种疾病的特异性抗体称为母源抗体，仔猪由此获得疫病的被动免疫。在新生仔猪还没建立疫病主动免疫前，被动免疫对仔猪发挥重要的保护作用。然而，母源抗体具有双重性，一方面当仔猪获得较高水平的母源抗体时，在一定时间内能抵抗病原体的感染，在一些疫病防控中，如蓝耳病、猪瘟、伪狂犬病等，常通过加强母猪的免疫，提高母猪的抗体水平从而确保仔猪获得足够的母源抗体。另一方面，母源抗体水平较高时，对仔猪的免疫又产生一定的影响，高水平母源抗体可以中和疫苗中的抗原，从而导致免疫失败，但过低的母源抗体又会使仔猪处于免疫空窗期，增大了疫病的感染压力。

因此，需要进行抗体检测确定母源抗体的水平和持续时间，进而推测首免日龄，既能充分发挥母源抗体的作用，又能让免疫的效果得到提高。

以某猪瘟抗体试剂盒确定猪瘟疫苗首免日龄为例：在仔猪出生的第7、14、25、35、42、55天采样检测，试剂盒以抗体阻断值作为判定，大于40%表明体内存在猪瘟抗体且能形成保护，阳性；小于40%表明体内无猪瘟抗体或不能形成保护，阴性。由附图1可得知，1～14日龄的仔猪抗体水平较高且稳定，14～25日龄的仔猪抗体水平有所下降但仍为阳性，25～35日龄的仔猪抗体消减速度快，并在35天检测时抗体为阴性。首免日龄要选择在母源抗体水平不高但仍有保护力的阶段，因此该场的猪瘟疫苗首免日龄应选择在25～30日龄。

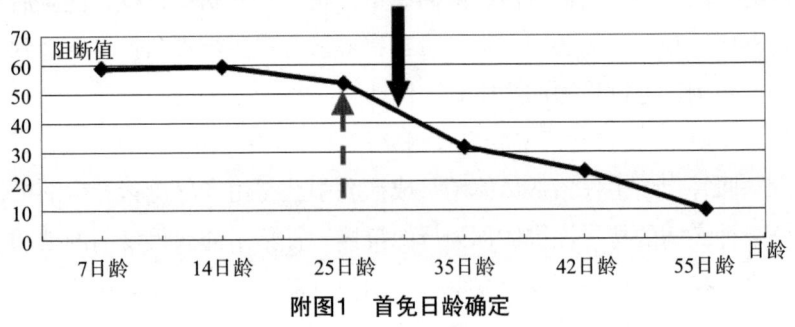

附图1　首免日龄确定

　　当然，因各个猪场的免疫背景不同，需要结合自身对采样方案进行调整，但最终也能通过检测形成自己猪场的最佳免疫方案。

　　问题8：打疫苗后多久能采样进行抗体评估，一般参考哪些方面的数据进行评估？

　　回答：注意不同疾病疫苗免疫后抗体产生的时间大不相同，一般猪瘟、伪狂犬病病毒疫苗在免疫28天后采血检测，蓝耳病、口蹄疫病毒疫苗在免疫35天后采血检测，圆环病毒疫苗在免疫20天后采血检测。一般得到检测数据后会通过计算群体阳性率、抗体水平、离散度等进行评估。

　　问题9：如何分析抗体的检测结果？

　　回答：检测结果分两类。疫苗抗体：一般来说需要看群体阳性率是否达到90%以上，另外抗体水平并非越高越好，有时在群体中出现个别抗体水平过高的个体，有可能是野毒感染造成的，良好的免疫效果应该是抗体水平在中等偏上并且猪群每个个体的抗体水平较为整齐即离散度较小。野毒抗体：若出现阳性一般认为是野毒感染，例如伪狂犬病的gE抗体、口蹄疫的非结构蛋白抗体。

问题10：目前有哪些疾病可以通过检测抗体区分免疫及野毒感染？

回答：伪狂犬gE和伪狂犬gB抗体检测试剂盒，伪狂犬病毒疫苗通常为gE基因缺失毒株，免疫后产生gB抗体而不产生gE抗体，两种试剂盒搭配使用，gE抗体阳性、gB抗体阳性即野毒感染；gE抗体阴性、gB抗体阳性即免疫有效。口蹄疫非结构蛋白抗体检测试剂盒：抗体阳性即野毒感染。猪瘟病毒E2蛋白抗体检测试剂盒和猪瘟病毒E0蛋白抗体检测试剂盒，搭配使用可评估猪瘟感染及免疫效果。

3. 分子学（病原）检测

问题11：分子检测实验室核酸/气溶胶污染是怎么回事？

回答：PCR实验阴性对照曲线出现"翘尾"时通常考虑为出现气溶胶污染，污染通常是由空气系统问题、实验操作不当等原因导致，空气中带有核酸片段的气溶胶在试剂分装时污染试剂内部或沾染到耗材上，使得气溶胶中的核酸片段在PCR过程中作为目的片段进行扩增，从而出现上升曲线。

问题12：如何避免气溶胶污染？

回答：操作空间要分区管理，至少分为相对独立的两个区，试剂分装和核酸加样局限在一个尽可能小的空间，最好的方法是在生物安全柜内进行操作；实验室气流定向流动，避免污染区域空气向洁净区域扩散；建立有效消毒措施，每次检测完成后对空气、器材表面、仪器及废弃物进行有效的消毒，一般采用臭氧、紫外线、次氯酸或专业的核酸清除剂进行消毒。

问题13：已经发生气溶胶污染，如何处理？

回答：紫外线照射可对气溶胶中的核酸产生作用，从而改变核酸的生物活性，使其即使进入到试剂中也不能扩增。更换被污染的耗材，紫外线照射最好的效果是表面消毒，因为物品的遮挡，紫外线的效果大打折扣，耗材内部的气溶胶污染就不能单纯依靠紫外线照射解决。使用次氯酸或核酸清除剂消毒，达到破坏核酸、分解核酸的目的从而清除气溶胶污染。实验室通风换气，稀释空气中的气溶胶浓度，最好使用单一方向气流。

问题14：检测试剂阳性对照或病毒核酸是否会引起猪只感染疾病？

回答：不会。阳性对照多数为基因重组的质粒，本身没有侵染能力，核酸是病毒经过裂解后提取出来的物质，同样没有侵染能力，不会对猪只造成病毒感染。但要提示的是，在对样品进行核酸提取前最好进行病毒灭活，以免病毒在实验室内发生传播，通过人员流动将病毒带到猪场中。

问题15：送检一份病料是否可以得到准确的病原检测结果？

回答：当出现疾病时，送检单一类型的病例，实验室虽然可以根据症状进行相关病原的检测，但很可能只获得片面的结果。对于不同疾病，疾病发生的部位大不相同，因此需要采取的组织是各有不同的，送检样品数量太少不一定能检测出全部的病因，有时候会导致漏诊的出现。具体的采样指导可参照本书相关章节。

问题16：不同病原应该提取DNA还是RNA？

回答：不同病原按其遗传物质不同，分为DNA病毒和RNA病毒，检测时要选择合适的核酸提取试剂盒，目前市面上的提取试剂盒一般分为DNA提取试剂盒、RNA提取试剂盒及DNA/RNA提取试剂盒。目前主流的提取方法有磁珠法提取和离心柱式提取。

问题17：多重荧光PCR试剂盒有什么技术优势？

回答：多重荧光PCR试剂盒能够用一个试剂盒检测多种病原基因，例如用于确定腹泻病原的猪流行性腹泻病毒/猪传染性胃肠炎病毒/猪A群轮状病毒三重荧光RT-PCR检测试剂盒或用于确定非洲猪瘟野毒疫苗感染的非洲猪瘟p72/CD2v/MGF360基因三重荧光PCR检测试剂盒，可以根据猪场的实际情况使用各种病原搭配的检测试剂盒，可极大地节省人员和时间成本。但需要配置与多重荧光PCR试剂盒相匹配的荧光PCR仪。

4. 样品处理

问题18：检测抽样比例怎么定？

回答：中小规模猪场常规疫病检测既要减少检测工作量又要兼顾检测结果的代表性，适当的抽样比例尤为重要。建议每个检测群体抽取30头样品进行检测，其检测结果即可基本代表猪群情况。另外，猪场发病时全群多轮检测，尽早剔除阳性个体和避免漏检疾病"窗口期"的假阴性个体。

问题19：是否可以混样检测？

回答：关于检测病原，原则上检测核酸不建议混检，因混检会减少个体样品的含量，尤其是对于一些本身病毒含量很低、Ct值高的样品，经过混检稀释后可能就得出假阴性结果，造成疾病的漏诊。若样品量太大且时间紧迫必须要采取混检，一般建议是3～5个样品混样检测，但要保证样品取样时不发生交叉污染。检测抗体：不混样检测。

问题20：组织样品检测核酸如何处理？

回答：首先要对组织样品进行灭活，一般采用的方式是56℃水浴30分钟，灭活后取组织块（0.1～0.2克）在生理盐水中漂洗去除血液，放入5毫升的匀浆管中，按重量加入适量生理盐水（9倍重量的体积），用眼科小剪刀尽快剪碎组织块。使用匀浆器进行匀

浆，上下转动研磨数十次，充分研碎即可。将制备好的匀浆液以2 500转/分离心10～15分钟，取上清液进行检测。

问题21：血液样品如何处理？

回答：根据具体需要进行血液样品的处理。若是检测核酸，建议使用抗凝管采集全血后按上述灭活方法进行灭活取全血进行疫病核酸检测。若是检测抗体，建议使用不含抗凝剂的采血管采集全血后等待血液凝固后以5 000转/分离心5分钟，离心分离出血清用于抗体检测。

问题22：唾液样品如何处理？

回答：使用唾液采集袋或采集绳取样后将唾液挤出转移到样品收集管内，若是唾液中有杂质如食物残渣等，必要时需要进行离心，因离心后吸取上清液进行检测，所以离心转速不能过快以免病原也沉于底部导致检测结果假阴性，一般选择2 000～3 000转/分离心10分钟。

问题23：口鼻拭子样品如何处理？

回答：拭子采样后将拭子头置于加有样品保存液的样品管中，检测前使用振荡器对样品管进行振荡，使拭子上的样品释放到液体中。另外，相比于传统的棉签拭子，植绒拭子在采样方面更有优势，它能让采样拭子的采集能力和洗脱能力获得极大提高。